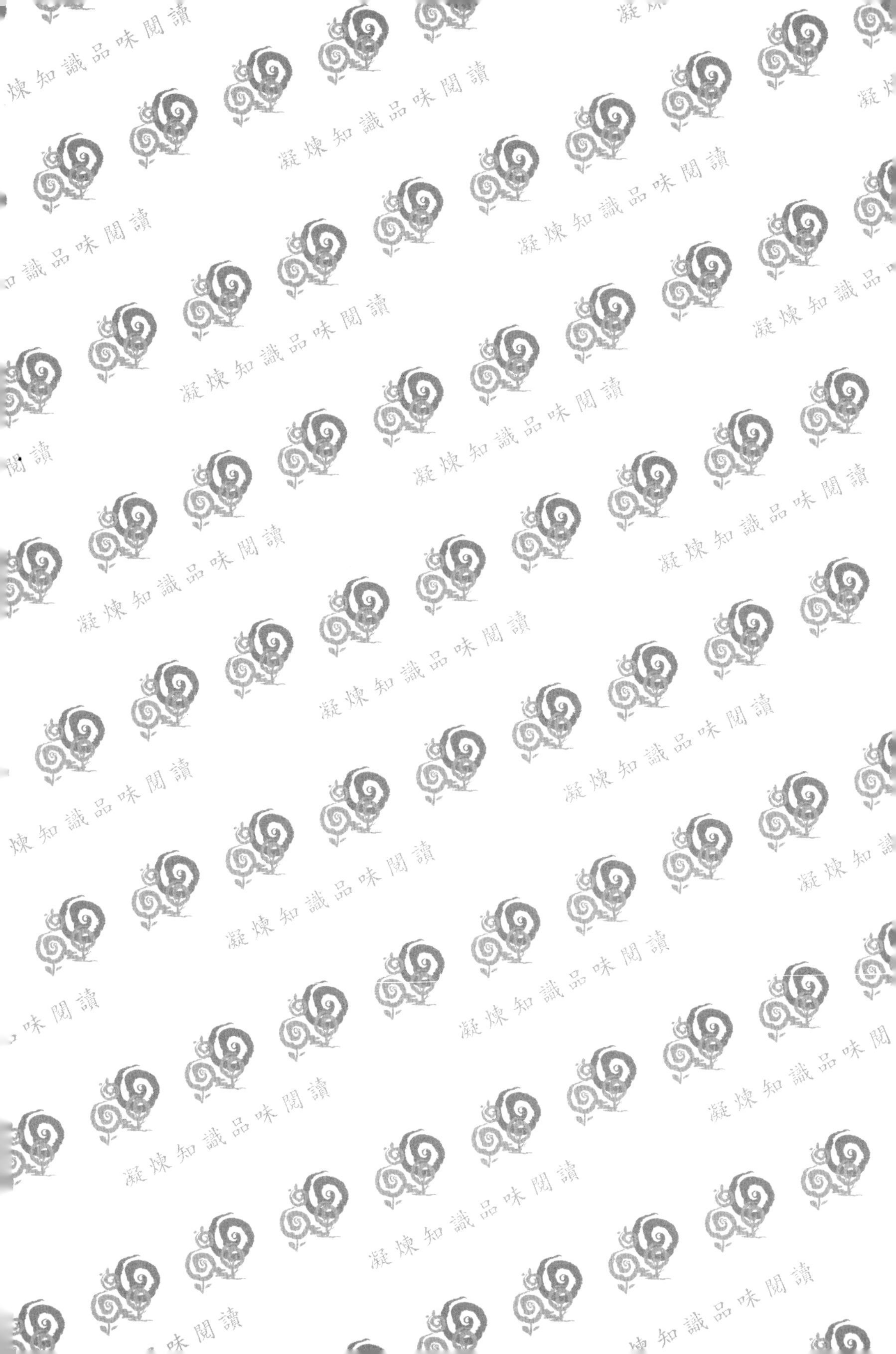

凝煉知識品味閱讀

五南出版

污水與廢水工程——理論與設計實務

Wastewater Treatment Engineer Design

陳之貴 著
大陸水工股份有限公司　董事長
臺大環工博士・技師高考榜首

完整理論說明與各產業
污、廢水設計實例

另附有歷屆環工技師
「給水及污水工程」
科目考題詳解

五南圖書出版公司 印行

推薦序

廢污水處理是每一位環境工程師必須面對的基本功，既然要練功，就需要武功祕笈，陳之貴博士將其多年拚搏考試與實務設計的祕笈公諸於世，非常難得。環境議題受到全民關注與監督，廢污水之質量特性隨著生活與生產型態轉變，處理技術與管理亦是日新月異，書中提供基本理論與多個業別廢水處理設計實例，可作為在環境工程專業各個階段學習路程中的參考資料。

陳博士事業經營順利，近年亦積極回饋其專業於學術領域，擔任多所大學兼任教師，分享實務工作經驗。我曾多次聆聽陳博士憶及事業草創時期與其夫人胼手胝足的故事，以及其求學時期不屈不撓的堅毅過程，印象深刻深受感動，相信年輕學子受教於陳博士時，亦能感受其圓夢的熱誠，受到鼓舞積極學習。

考試與證照是環境工程專業不可或缺的通行證，陳之貴博士提供其準備考試與證照的祕笈付梓，且已快速進入第三版階段，可喜可賀。希望此書的再版問世，輔助廢污水處理人員專業精進，共同為水環境品質提升而努力。

闕蓓德
國立臺灣大學環境工程學研究所
教授兼所長

推薦序

陳之貴博士是我在國立中興大學環境工程學系的學長，當初在校就讀時，陳博士已經畢業並創立大陸水工股份有限公司，直到藉由系友會的活動才認識陳之貴學長。阿貴學長待人誠懇，做事踏實，熱愛工作，不僅是一位成功的企業家，也是一位發明家，更是一位作家與教育家。他在民國75年創立大陸水工股份有限公司，白手起家建立成功的企業。在夢想的驅動下，阿貴學長在民國83年又重新回到學校繼續追夢，不僅完成了碩士學位，還順利取得環境工程博士學位及環工技師高考的榜首，是個「有夢最美、築夢踏實」的最佳寫照。

在環境工程的實務工作中，廢污水處理是相當基礎但複雜的工程實務技術，阿貴學長藉由其紮實的學理基礎，結合超過35年的實務工作經驗，薈萃成本書的精華內容。書中除了有基礎的廢污水處理說明與介紹外，也延伸至十三種不同產業類型的污水處理技術，配合設計基準、處理流程及設備內容規格的詳細說明，讓讀者能清楚了解不同類型產業的水質特性與設計標準，不僅深具實務性，對於各類考試之準備，本書之內容也相當游刃有餘。

董瑞安

國立清華大學分析與環境科學研究所

講座教授兼國際學院院長與能環中心主任

推薦序

陳之貴博士是一位企業家，也是一位學者，更是一位夢想實踐家。出生於臺灣傳統農業家庭的他，擁有堅定的毅力與不屈的精神，自中興大學環境工程學系畢業後，發揮環境工程專長，朝著自己的理想勇往直前，白手起家建立出自己的環工王國。

陳博士在創業之餘，仍保持篤實好學孜孜不倦的學習熱情，47歲取得臺灣大學環境工程學研究所博士學位，並致力於將自我專業知識，結合畢生累積之工程實例與經驗，傳授予年輕學子。

本書為再版第三版，作者為民國90年檢覆環工技師高考榜首，多年來對於技師高、普考理論、公式及考題有諸多研究。作者結合理論與實務經驗，編撰一本符合技師高、普考或設計污水廠參考的書籍。本書共十五章，詳列污水處理工程設施之規範；各種污、廢水設計實例之理論與設計依據，以及近二十年歷屆技師高考考題詳解。經由作者細心編撰，希望有助於對技師高、普考有興趣的莘莘學子，可以獲得更透澈的專業知識，並得以熟能生巧，繼而金榜題名、成就夢想。

吳忠信
國立高雄科技大學
化學工程與材料工程系教授兼工學院院長

推薦序

阿貴（陳之貴博士）是一個出生自臺灣農家的小孩，由於小時候身處的困境，因而培養出他過人的毅力，認為只要堅持自己的理想，即使是一步一腳印，相信結果必定完美。高中畢業後，看準環境工程這個當時相當冷門的科系的未來性，大學就讀於中興大學環境工程學系，進入環境工程領域。畢業後在創業之餘，繼續研讀中興大學環境工程研究所，直到41歲那年，考進國立臺灣大學環境工程博士班，圓了自己創業與深造的夢想。

本書是由作者所學，加上本身經營大陸水工股份有限公司時累積豐富之工程實例與經驗，撰寫編成理論與實務並俱的一本好書。此書詳列污水處理工程設施之規範，經由作者仔細編排，對於高、普考或設計污水廠的理論輔以工程實例，相信更能使讀者在準備高、普考及技師等各方面考試之準備，都能夠有更深的體會。

張添晉
國立臺北科技大學
環境所教授兼工學院院長

作者序

本書第一章簡潔、清楚的詳列了高、普考或設計污水廠所需要的公式或理論，其內容是第二章至第十四章各種污、廢水設計實例的理論與設計依據，也是第十五章近20年來每年的技師高考考題詳解必備之基礎。

第二至十四章各種污、廢水設計實例，是作者35年來經營大陸水工股份有限公司所承接完成的工程案例，特別選知名度較高的案例與大家分享應用的成果，亦可作為做實場之朋友的參考。

第十五章分析，十二年來的技師高考考題是為要考研究所或技師高普考朋友而撰寫，希望莘莘學子熟能生巧，真正了解污、廢水應如何處理，而能考試順利，金榜題名。真理只有一個，重點永遠是重點，考來考去都是從各個角度來問重點，書就怕讀，讀久就會通，題目就是怕解，解多了就會考試了。

陳之貴　敬上

作者簡介

姓　　名：陳之貴

學　　歷：國立臺灣大學環境工程學研究所　博士（89～95）
國立中興大學環境工程學研究所　碩士（83～85）
國立中興大學環境工程學系　學士（67～71）

相關證照：90年檢覈　環工技師高考　榜首
90年專技　環工技師高考　第五名
行政院公共工程委員會品管工程師　考試及格
環保署甲級廢水處理技術員　考試及格
經濟部自來水事業技術人員　甲級管理人員
經濟部自來水事業技術人員　甲級化驗人員
經濟部自來水事業技術人員　甲級操作人員

現　　任：大陸水工股份有限公司／董事長
大展國際工程顧問股份有限公司／負責人
晶冠開發股份有限公司／董事
臺北市水處理器材商業同業公會／榮譽理事長
臺灣區環保專業營造業同業公會／常務監事
臺灣環保暨資源再生設備工業同業公會／監事
臺北市進出口同業公會／環保小組副召集人
國立宜蘭大學環境工程學系／副教授
中華民國仲裁協會／仲裁人

國立中興大學環境工程系所友會／理事長
中央社區發展協會／理事長
國立師大附中校友會／理事

曾　　任：臺北市水處理器材商業同業公會／理事長
臺北市城市發展協會／理事長
國立中興大學環境工程系系友會／理事長
大直國高中校友會／理事長
臺北加州高爾夫球聯誼會／會長
中華民國工商建設研究會16期／會長
中華民國環境工程技師公會全國聯會／常務理事
臺灣省環境工程技師公會／常務理事
臺北市環境工程技師公會／常務理事
國立臺灣大學慶齡中心訓練班／助理教授
東南科技大學營科及防災研究所／助理教授
產基會主辦職訓局環境工程人員訓練班／助理教授
元培科技大學環境工程衛生系／助理教授
臺北龍鳳扶輪社／社長

經　　歷：從事環境工程之規劃設計、監造施工實務35年。完成國內外各事業單位之污染防治工程800餘件，如：臺北101大樓、臺北圓山大飯店、慈濟醫院、南亞、永豐餘、宏國、幸福、東帝士、國泰、中國力霸、長榮、住都局、高速公路局、太魯閣公園管理處、台糖、環保局…等各大事業單位之污水、給水、噪音、垃圾等工程之設計施工。

相關發明專利：1.不阻塞式滴濾塔散水頭
2.活性污泥與生物接觸曝氣法合併系統
3.可調式高分子凝集劑泡製器
4.無臭式馬桶
5.高爾夫球安全帽
6.連續式生物活性碳水處理槽

得　　獎：榮獲中華民國第一屆傑出環保工程公司 金龍獎
榮獲中華民國第一屆傑出工商企業 優良獎
榮獲經濟部工業局 環保設備應用標竿企業獎
榮獲國立中興大學工學院 傑出成就獎
榮獲國立中興大學環境工程系 最佳貢獻系友獎
榮獲國立中興大學環境工程系所 傑出校友獎
榮獲國立臺灣大學環境工程研究所 傑出校友獎
榮獲大直國高中 傑出校友獎

專業著作：1. 陳之貴，污水與廢水工程—理論與設計實務，2021，三版，五南圖書出版股份有限公司。
2. 陳之貴，圓夢－擁抱希望・實現願望，2016，一版二刷，鼎茂圖書出版股份有限公司。
3. 陳之貴，活性污泥/接觸曝氣法合伴系統之處理功能研究，2016，初版，金琅學術出版社。
4. 陳之貴，給水與純水工程—理論與設計實務，2015，初版，五南圖書出版股份有限公司。
5. 陳之貴，環工研究所、技師高考各科總整理，2012，第二版，文笙書局。
6. 陳之貴，環工機械設計選用實務，2004，第二版，曉園出版社。
7. 陳之貴，環保市場之競爭力分析，2000，初版，曉園出版社。
8. 陳之貴、駱尚廉，垃圾滲出水之再生及再利用，2003，第八屆水再生及再利用研討會。
9. 陳之貴、駱尚廉，臺北101國際金融中心之中水及雨水處理系統，2004，臺灣環保產業雙月刊。
10. Chih-Kuei Chen and Shang-Lien Lo,"Treatment of slaughterhouse wastewater using an activated sludge/contact aeration process", Water Science and Technology, 47(12), 285-292(2003).
11. Chih-Kuei Chen, Shang-Lien Lo and Ruei-Shan Lu, "Feasibility study of activated sludge/contact aeration combined system treating slaughterhouse wastewater", Environmental Engineering Science, 22(4), 479-487(2005).
12. Chih-Kuei Chen and Shang-Lien Lo, "Raising and controlling study of dissolved oxygen concentration in closed-type aeration tank", Environmental Technology, 26, 805-810(2005).
13. Chih-Kuei Chen and Shang-Lien Lo, "Treating restaurant wastewater using a combined activated sludge-contact aeration system", Journal of Environmental Biology, 27(2), 167-173(2006).
14. Chih-Kuei Chen, Shang-Lien Lo and Ting-Yu Chen,"Regeneration and reuse of leachate from a municipal solid waste landfill", Journal of Environmental Biology, 35(6), 1123-1129(2014).
15. Chih-Kuei Chen, Angus Shiue, Den-Wei Huang and Chang-

Tang Chang, "Catalytic decomposition of CF4 over iron promoted mesoporous catalysts", Journal of Nanoscience and Nanotechnology, Apr;14(4), 3202-3208(2014) .

16. Chih-Kuei Chen, Shang-Lien Lo and Huang-Mu Lo,"Kinetics of Treatment Restaurant Wastewater Using a Combined Activated Sludge/Contact Aeration System", IWA 7th International YWP Conference(2015).
17. Chih-Kuei Chen, Hung-Chih Liang and Shang-Lien Lo,"Feasibility Study of Activated Sludge/Contact Aeration Combined System Treating Oil-Containing Domestic Sewage", Int. J. Environ. Res. Public Health, 17, 544(2020).
18. Chih-Kuei Chen, Nhat-Thien Nguyen, Cong-Chinh Duong, Thuy-Trang Le, Shiao-Shing Chen, and Chang-Tang Chang, "Adsorption Configurations of Iron Complexes on As(III) Adsorption Over Sludge Biochar Surface", Journal of Nanoscience and Nanotechnology, 21, 5174–5180 (2021).
19. Jing-Jing Tian, Chih-Kuei Chen, Joy Thomas and Chang-Tang Chang,"Augmentation of Photocatalytic Degradation of Oxytetracycline by Cu–CdS and Deciphering the Contribution of Reactive Oxygen Species", Journal of Nanoscience and Nanotechnology, 20, 6245–6256(2020).
20. Shui-Shu Hsiao1, Pei-Hua Wang, Nhat-Thien Nguyen, Thuy-Trang Le, Chih-Kuei Chen, Shiao-Shing Chen and Chang-Tang Chang, "Aqueous Oxytetracycline and Norfloxacin Sonocatalytic Degradation in the Presence of Peroxydisulfate

With Multilayer Sheet-Like Zinc Oxide", Journal of Nanoscience and Nanotechnology, 21, 1653–1658 (2021).

21. Min-Fa Lin, Nhat-Thien Nguyen, Chih-Kuei Chen, Thuy-Trang Le, Shiao-Shing Chen and Po-Han Chen, "Preparation of Metal-Doped on Biochar from Hazardous Waste for Arsenic Removal", Journal of Nanoscience and Nanotechnology, 21, 3227–3236 (2021).

目　錄

chapter *1*

總論

1-1 廢水特性概論

1. 自淨作用

係指水體受污染，可藉由(1)被水體中植物吸收或動物攝食，(2)沉澱於水體底部，(3)與水體底泥陽離子交換，或(4)液面蒸發等機制，去除水中污染物。

2. 廢水

指事業於製造、製作、自然資源開發過程中或作業環境所產生含有污染物之水。

污水：指事業以外所產生含有污染物之水。

3. 廢水依來源分類

(1) 農業廢水
(2) 畜牧廢水
(3) 工業廢水
(4) 生活污水
(5) 垃圾滲出水
(6) 其他，如：暴雨逕流、地面逕流、礦場廢水、醫療、學校、檢驗機構之檢驗廢水案。

4. 廢水依工業類別分類

(1) 染整業
(2) 電鍍業
(3) 皮革業
(4) 造紙業

(5) 食品業
(6) 畜牧業
(7) 醫院業
(8) 飯店業等

5. 物理性水污染指標

(1) 水溫
(2) 臭魚味
(3) 色度
(4) 濁度

6. 化學性水污染指標

(1) pH
(2) 酸度
(3) 鹼度
(4) 氨氣
(5) 磷
(6) 溶氧（DO）
(7) 生化需氧量（BOD）
(8) 化學需氧量（COD）
(9) 懸浮固體（SS）

7. 生物性水污染指標

(1) 大腸桿菌
(2) 總菌數
(3) 水生物

8. 河川污染指標

河川污染指標（RPI，River Pollution Index）為綜合指標，RPI係溶氧量（DO）、生化需氧量（BOD）、懸浮固體（SS）及氨氮（NH_3 − N）等4項水質參數之算術平均數，其點、積分及等級之分類如下表所示。4項參數權重相等，RPI值介於1至10間。

河川污染指標（RPI）等級分類

污染項目／等級	A（未／稍受污染）	B（輕度污染）	C（中度污染）	D（嚴重污染）
溶氧量（DO）mg/L	6.5以上	4.6～6.5	2.0～4.5	2.0以下
生化需氧量（BOD_5）mg/L	3.0以下	3.0～4.9	5.0～15	15以上
懸浮固體（SS）mg/L	20以下	20～49	50～100	100以上
氨氮（NH_3 − N）mg/L	0.5以下	0.5～0.99	1.0～3.0	3.0以上
點數	1	3	6	10
積分	2.0以下	2.0～3.0	3.1～6.0	6.0以上

說明：表內之積分數為DO、BOD_5、SS及NH_3 − N點數平均數。
資料來源：行政院環境保護署，環境監測網，2006.7.27。

9. 減廢概念

減廢概念中，常用4R原則，即減量（reduction）、循環（recycling）、再利用（reuse）與回收（recovery）。為使觀念更完備，另加2R，即再生（reqeneration）與研究（research）。

10.BOD計算

由 $\dfrac{dL}{dt}=-K_1L$

$\therefore \dfrac{dL}{L}=-K_1dt$

$\int_0^t \dfrac{dL}{L}=\int_0^t -K_1dt$

$\ell_n L-\ell_n L_0=-K_1(t-0)=-K_1t$

$\therefore \ell_n \dfrac{L}{L_0}=-K_1dt$

$\therefore \dfrac{L}{L_0}=e^{-K_1t}$

$\therefore L=L_0e^{-K_1t}$

$L_t=L_0-L$

$\quad =L_0-L_0e^{-K_1t}$

$\quad =L_0(1-e^{-K_1t})$ …… 時間變化

L：殘留之BOD

L_t：經過t時間的BOD

L_0：$t=0$時間的BOD

K_1：脫氧係數（20℃為0.1）

$K_{1(T)}=K_{1(20)}\times 1.047^{(T-20)}$……溫度變化

$L_{(T)}=L_{20}[1+0.02(T-20)]$……溫度變化

L_{20}：20℃時之最終BOD；$L_{(T)}$：T℃時之最終BOD

11.河川污染四階段

(1)污染段：菌類植物（真菌、紅蟲）出現，有CO_2、NH_3。
(2)積極分解段：細菌數大增，有CO_2、NH_3、H_2S。
(3)復原段：好氧細菌取代厭氧細菌，原生動物、輪蟲，NO_2^-、NO_3^-。

(4) 清水段：魚類、水生動物。

12.海洋放流

最初稀釋度 $=S_0=\frac{bHV}{Q}$

b：噴流管長度

H：污水層厚度

V：海流流速（垂直放流管之分量）

Q：污水流量

1-2 污水水量估計

1. 人口預測

(1) **算數增加**

$P_n = P_0 + na$

$a=\frac{P_0-P_t}{t}$

P_t：t年前人口數

(2) **幾何增加**

$P_f=P_1 e^{kg(t_f-t_1)}$

$kg=\frac{\ln P_f-\ln P_1}{t_f-t_1}$

(3) **對數曲線法＝S曲線法＝飽和曲線法**

$P=\frac{k}{1+me^{ax}}$

k：飽和人數（以千人計）； $k=\frac{2Y_0Y_1Y_2-Y_1^2(Y_0+Y_2)}{Y_0Y_2-Y_1^2}$

P：預測人口（以千人計）

x：基準年至預測年數

$$m=\frac{k-Y_0}{Y}$$

$$a=\frac{1}{X_1}\log\frac{Y_0(k-Y_1)}{(k-Y_0)}$$

m, a：常數

(4) **最小2乘法**

$Y = ax + b$

Y：預測人口

x：基準年起至預測年（年數）

a, b：常數

(5) **曲線延長法**：就過去人口紀錄曲線予以延長，求預測人口。

(6) **飽和人口密度法**：根據都市計劃使用區分，參考現在與將來各分區人口密度，以求未來飽和人口密度之方法。

(7) **比較法**：與類似都市做比較。

2. 生活污水處理對象人數綜合表

建築物用途		使用人數計算方式	污水量公升／人	BOD mg/L	備註
一	戲院、電影院、歌廳等演藝場所	1.按固定席至數之3/4計算 2.未設固定席位者以觀眾席每0.7平方公尺一人計算	60	150	1.若建築物內有餐廳、飲食店則加算其處理對象人數 2.處理對象包括建築物從業人員

建築物用途		使用人數計算方式	污水量 公升／人	BOD mg/L	備註
	集會所	1.按固定席至數之1/2計算 2.未設固定席位者以觀眾席每0.7平方公尺一人計算	60	150	
二	醫院、療養院	按每一病床1.5人，或依病房面積每平方公尺0.3人計算；二者取其大者	670	320	1.若未有廚房設備則BOD濃度以150mg/L計 2.處理對象人數包含外聘醫師、護士及其他職員人數
	診所（無病床者）	依樓地板面積計算，100平方公尺以下者最少以10人計；超過部份，依醫療場所面積，每平方公尺以0.2人計	120	300	
三	旅館	按居室面積每平方公尺0.1人計算	300	150	廚房污水應有油脂截留器設備，將油脂先行分離
四	住宅	總樓地板面積100平方公尺以下者，每一戶按5人計；超過部份每30平方公尺加算1人：超過220平方公尺者均按10人計算	250	160	處理對象包括其管理員等從業人員
	集合住宅	以總樓地板面積20平方公尺為1人計算	250	160	處理對象包括其管理員等從業人員

建築物用途		使用人數計算方式	污水量 公升／人	BOD mg/L	備註
	宿舍、養老院	居室面積每平方公尺0.2人計算，或以固定床位計算	200	200	處理對象包括其管理員等從業人員
五	幼稚園、小學	按同時收留人數之1/4計算	50	180	若建築物內有餐廳、飲食店則加算其處理對象人數
六	中學、大專以上學校	按同時收留人數之1/3計算加附設夜間部人數之1/4	60	180	1.若建築物內有餐廳、飲食店則加算其處理對象人數 2.實驗室排水應單獨處理，不可直接進入建築物污水
七	圖書館	按同時收留人數之1/2計算	50	180	建築物內有餐廳、飲食店則加算其處理對象人數
八	保齡球館、體育館、陳列館、博物館、游藝場	$N=\frac{20C+120U}{8}*T$ $N=\frac{20C+120U}{8}*T$ $T=0.2\sim0.4$	60	150	1.若建築物內有餐廳、飲食店則加算其處理對象人數 2.處理對象包括建築物從業人員

建築物用途		使用人數計算方式	污水量 公升／人	BOD mg/L	備註
九	夜總會、舞廳、酒家、餐廳	按營業部分面積每平方公尺以0.3人計算	200	200	1.若建築物內有餐廳、飲食店則加算其處理對象人數 2.處理對象包括建築物從業人員
十	百貨商場	按營業部分面積每平方公尺以0.2人計算	200	150	1.若建築物內有餐廳、飲食店則加算其處理對象人數 2.處理對象包括建築物從業人員
十一	市場	$N=\frac{20C+120U}{8}*T$ $T=0.5\sim3$	50	180	1.指青果市場、鮮花市場。若建築物內有餐廳、飲食店則加算其處理對象人數 2.魚肉、家禽類屬於作業場所，污水系統應另外設計
十二	公共浴室	按營業部分面積每平方公尺以0.3人計算	200	50	因地域、文化不同變異性大
十三	火車站、捷運站、公車站	$N=\frac{20C+120U}{8}*T$ $T=0.5\sim2$	50	100	處理對象應另加算建築物從業人員

建築物用途		使用人數計算方式	污水量 公升／人	BOD mg/L	備註
十四	工廠	按作業人數1/4計算	160	150	1.若建築物內有餐廳、飲食店則加算其處理對象人數 2.指非產業性廢水及無住宿設備
十五	辦公廳舍、事務所等	按居室面積每平方公尺0.1人計算	160	150	1.若建築物內有餐廳、飲食店則加算其處理對象人數 2.處理對象包括建築物從業人員

註：N＝使用人數
C＝大便器數
U＝小便器數
T＝一天平均使用時數

3. 污水量

臺灣地區每人每日污水量約為300公升

最大日污水量＝平均日污水量×(1.2～1.4)

最大時污水量＝平均日污水量×(2.5)

入滲量＝每人每日污水量的10～20%

4. 降雨

降雨量單位：深度mm

降雨強度單位：mm/hr

降雨強度 $I=\frac{a}{t+b}$

t：min

a, b：常數

5. 逕流

逕流係數（Run − off coefficient），

C：流入下水道之雨量÷總降雨量

$C=\frac{C_1P_1+C_2P_2+C_3P_3+\cdots\cdots}{P_1+P_2+P_3+\cdots\cdots}$ ；P為降雨量。

流達時間 = 流入時間 + 流下時間

(time of concentration) = (inlet time) + (time of sewer flow)

逕流計算；合理化公式： $Q=\frac{1}{360}CIA$

Q：m^3/sec；

C：逕流係數（0.25～0.6）

I：降雨強度（mm/hr）

A：排水面積（公頃；1公頃 = 10000m^2）

6. 曼寧公式

$Q=A\times\frac{1}{n}\times R^{\frac{2}{3}}S^{\frac{1}{2}}$

$V=\frac{1}{n}R^{\frac{2}{3}}S^{\frac{1}{2}}$

n：粗糙度（0.011～0.015）

S：水力坡度

R（水力半徑）$=\frac{\text{通水斷面}}{\text{濕周}}$

重力流下水道管渠流速（1.0～1.8m/sec）

7. 倒虹吸

利用兩端水頭差，使水自高處向低處流。缺點是易沉澱、為壓力管、易裂。

8. 巴歇爾水槽

$$Q = 2.2WH^{\frac{3}{2}}$$

W：緊縮部喉寬（m）
H：設定水位井水深（m）
Q：m^3/sec。

1-3 下水道管渠與抽水機

1. 管渠所承受載重

(1) **垂直土壓公式**

$$P = WHB_d$$

$$P_1 = \frac{WHB_d}{B_c}$$

P：作用於管體之回填土總垂直力（kg/m）
P_1：作用於管體之回填土垂直等分布載重（kg/m^2）
W：回填土單位體積重（kg/m^3）
H：覆土深度（m）
B_d：開挖寬度（m）
B_c：管之外徑（m）

(2)剛性管之載重

$P = C_d W B_d{}^2$

$P_1 = \dfrac{C_d W B_d^2}{B_c}$

C_d：載重係數

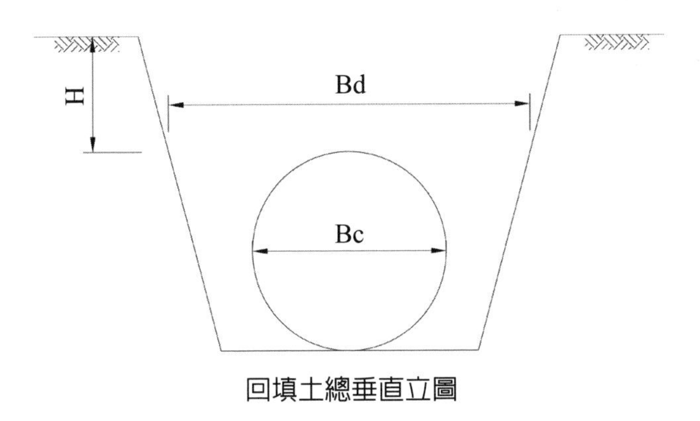

回填土總垂直立圖

2. 抽水機

(1)馬力計算

公制：理論馬力 $= \dfrac{HQ\gamma}{750}$

H：揚程（公尺）

Q：水量（m^3/sec）

γ：比重量（9800N/m^3）

英制：理論馬力 $= \dfrac{HQ\gamma}{550}$

H：揚程（ft）

Q：水量（ft^3/sec）

γ：比重量（62.4lb/ft^3）

$$軸馬力=\frac{理論馬力}{抽水機效率\eta（80\%）}$$

$$實際所需要馬力數=\frac{（軸馬力）(1+\alpha)}{\eta_t}$$

α：安全係數（0.1）

η_t：傳動效率（95%）

(2)**比速**

抽水機型式，即求N_s（比速）

$$N_s=N\frac{Q^{\frac{1}{2}}}{H^{\frac{3}{4}}}$$

N：抽水機實際轉速（1200～1800rpm）

Q：m^3/min

H：揚程（m）

流量比：$\frac{Q_1}{Q_2}=\frac{N_1}{N_2}=\frac{D_1}{D_2}$

揚程比：$\frac{H_1}{H_2}=\left(\frac{N_1}{N_2}\right)^2=\left(\frac{D_1}{D_2}\right)^2$

動力比：$\frac{P_1}{P_2}=\left(\frac{N_1}{N_2}\right)^3=\left(\frac{D_1}{D_2}\right)^3$

P：抽水機使用動力

N：抽水機轉速

D：抽水機驅輪直徑

(3)**水力計算**

①管中流速：1.5～3m/sec

②水頭損失：

$$h=f\frac{L}{D}\frac{V^2}{2g}\cdots\cdots \boxed{直管}$$

$$h=f\frac{V^2}{2g}\cdots\cdots \boxed{閥管}$$

(4) **孔蝕**：抽水機之轉速太大或吸水高度太高，致機內最低壓力低於同溫下之飽和蒸汽壓，則水蒸氣產生氣泡，氣泡流入壓力較高處，會破裂而產生噪音及震動，長期會侵蝕泵浦葉片。

(5) **水錘作用**：管中水流速度急速變化，管內壓力驟增或驟降的現象。

3. 濕井容積；$V=\frac{QT}{4}$

Q：抽水機抽水量（m^3/min）

T：一次抽水最短之循環時間（min）

$$\frac{V}{T}=i=\frac{i^2}{Q}$$

V：嚴格說應是高低水位間之濕井有效容積

i：污水進流量

1-4 初級處理

1. 沉砂池

(1) 坡度：0.5～1%

(2) 平均流速：0.3m/sec

(3) 水力停留時間：30～60sec

(4) 曝氣沉砂池所需要空氣量：3～5Nm^3/hr×m

2. 沉降速度：V_s

$$V_s=\frac{g}{18}\frac{(\rho_s-\rho)}{\mu}D^2$$

D：粒徑（m）

ρ_s：粒子之密度（kg/m^3）

ρ：流體之密度（kg/m^3），水為1000

μ：流體之黏性係數（$kg/m \cdot s$），水為10^{-3}

3. 沖刷速度：

$$沖刷速度 = \sqrt{\frac{8\beta}{f}(S-1)gd}$$

S：比重；β：球形係數；f：摩擦係數

4. 沉澱池設計參數

	初沉池	終沉池	沉砂池
面積負荷（$m3/m^2day$）	25～50	20～30	1800～3600
堰負荷（$m^3/m\ day$）	≦250	≦150	
停留時間（小時）	1.5	2.5	30～60 sec
平均流速			0.3 m/sec
刮泥速度（m/min）	0.3～1.2	0.3～1.2	
坡度（%）	1～2	1～2	0.5～1

5. 化糞池（腐敗槽）

(1) 500人以下，體積≧1.5 + 0.1(n − 5)

(2) 500人以上，體積≧51 + 0.075(n − 500)

一般分三槽，比例為4：2：1。

n：使用人數

1-5 二級處理（生物處理）

1. 污泥容積指數（SVI）：

曝氣持混合液靜置30分鐘，1公克活性污泥所占容積mL。

$$SVI = \frac{30\text{ 分鐘沉澱率（\%）} \times 10^4}{\text{MLSS 濃度（mg/L）}}$$

正常SVI = 50～100

2. SDI（污泥密度指數）：100毫升有多少克

$$SDI = \frac{\text{MLSS 濃度（mg/L）}}{30\text{ 分鐘沉澱率（\%）} \times 10^4} \times 100$$

3. 污泥迴流量

$$C_A = C_r \cdot \frac{r}{1+r}$$

C_A：曝氣池混合液體濃度

C_r：迴流污泥濃度

r：迴流比，$r = \frac{X_{MLSS} - X_i}{X_R - X_{MLSS}}$

X_i：放流水之SS

4. 污泥產量計算

(1) SS造成污泥（初沉池、終沉池都有）：

$X_1 = Q(M_0 - M_F) \times 10^{-3} = QM_0\eta \times 10^{-3}$（kg）

M_0：進流SS（mg/L）

M_F：出流SS（mg/L）

η：SS：去除率

(2) **污泥增殖剩餘污泥：**

X_2 = BOD轉化成污泥量 − MLSS成長所消耗的BOD量

$X_2 = aY - b \times MLSS \times V \times 10^{-3}$

a：BOD污泥轉換率（0.5～0.8）

b：MLSS：體內氧化率（0.01～0.1）

Y：BOD去除量kg = $QS_0\eta \times 10^{-3}$

S_0：進流BOD

η：去除率

V：生物曝氣池體積

5. 生物處理上之微生物

細菌、菌類、藻類、原生動物、輪蟲、甲殼類、病毒。活性污泥微生物：細菌、真菌、原生動物、後生動物。

6. 活性污泥構成三要素：微生物、氧氣、有機物。

7. 微生物對有機物的代謝過程

(1) 遲滯期
(2) 對數增殖期
(3) 衰減增殖期
(4) 體內呼吸期

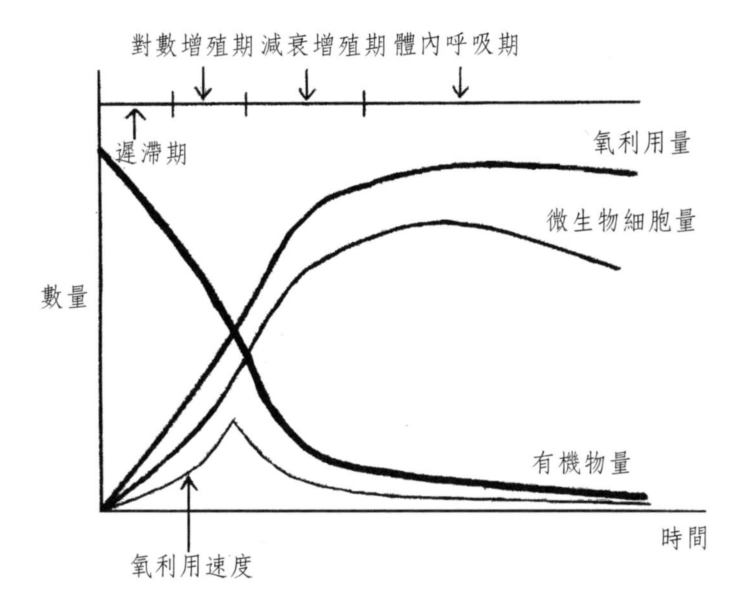

8. 生物指標

(1)解體時：Vahlkampfia, limax, amoeba radiosa
(2)膨化：Sphaerotilus, natans
(3)溶氧不足：Beggiatoa alba
(4)有機物少：Colurella, Lepadella等輪蟲、Euplotes, Oxytricha, Stylonychia
(5)有害、有毒物：Aspidisca

9. 活性污泥法設計

(1)BOD容積負荷：0.5～1.0 kg-BOD/m^3-day
(2)BOD污泥負荷（F/M）：0.2～0.4 kg-BOD/kg-MLSS-day
(3)污泥齡（SRT）：5～10day

$$SRT=\frac{\text{曝氣池 MLSS}+\text{終沉池迴流管 SS}}{\text{出流水 SS}+\text{排泥量}}=\frac{S+S_x}{S_e+S_s}$$

$$SRT=\frac{MLSS}{\text{流入之 SS}}$$

$$\frac{\text{曝氣池污泥總量（kg）}}{\text{進流水中單位時間之污泥量（kg/day）}}=\frac{MLSS\times V}{S_0\times Q}$$

(4) **平均細胞停留時間**（mean cell retention time；）

$$\theta_c=\frac{\text{曝氣池中污泥總量}+\text{迴流管中污泥量}}{\text{每天排放污泥量}+\text{每天放流水中污泥量}}$$

$$\theta_c=\frac{S_m+S_R}{S_w+S_e}\doteqdot 10\ \text{天}$$

S_m：MLSS量；S_R：沉澱池迴流管中之SS

S_W：廢棄污泥；S_e：放流水中之污泥

(5) **迴流污泥濃度**：$X_R=\frac{10^6}{SVI}$

(6) **迴流比**：$r=\frac{X-X_0}{X_R-X}$

X_0：進流SS；X：MLSS

(7) $\mu=\frac{1}{\theta_c}=YU-k_d$

$$U=\frac{F}{M}=\frac{Q(S_0-S_e)}{VX}$$

$\mu=\frac{k_{max}\cdot S}{k_s+S}$；S：放流水之BOD

Y = 0.5；比生長係數

k_d = 0.05；微生物衰減係數

(8) 需氧量：U = a'Y + b'Z

U：kg/day

Y：去除BOD（kg/day）

Z：MLSS量（kg）

$$a' = 0.35 \sim 0.5kg - O_2/kg - BOD$$
$$\fallingdotseq 0.5kg - O_2/kg - BOD$$
$$b' = 0.05 \sim 0.24kg - O_2/kg - MLSS$$
$$\fallingdotseq 0.1kg - O_2/kg - MLSS$$

(9) **需要空氣量**：$Q_{air}(m^3/day)$；$Q_{air} = \dfrac{U}{0.23\eta\rho}$

η：氧氣吸收效率，10%

ρ：空氣密度，$1.29kg/m^3$

(10) 求曝氣池之體積或停留時間時，迴流污泥量應考慮

10.滴濾池設計

	標準滴濾池	高率滴濾池
面積負荷（散水負荷：m^3/m^2day）	1～3	15～25
BOD負荷（kg/m^3day）	0.3	1.2

11.RBC設計

浸水率：40～70%；BOD負荷：$20 \sim 70g/m^2day$

G值 = $5L/m^2$；L：槽容積；m^2：圓板面積

12.A_2O法：可同時去除水中氮（N），磷（P）

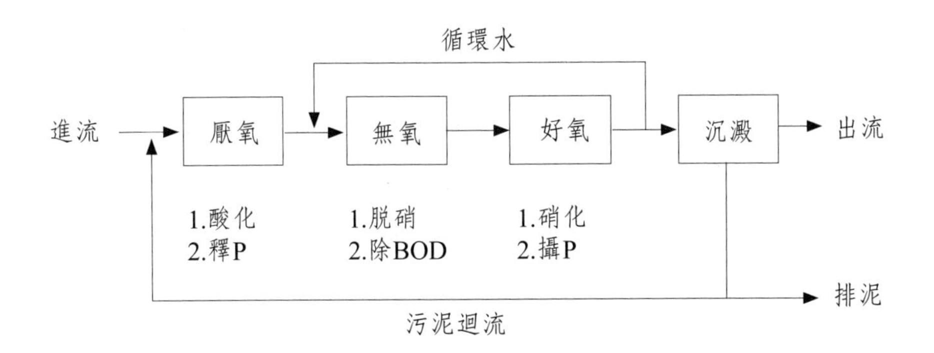

13.UASB法：上流式厭氧污泥毯法

優點：生物濃度高、質傳快、體積小、突增負荷適應力強、不會阻塞

缺點：(1)起動時間長，污泥顆粒化後才可正常運轉

(2)受毒性離子（如：CN^-、$CHCl_3$）影響敏感

11～12kg-COD/m^3-day；去除率：63～90%

14.細胞成分

$C_2H_5O_2N$………好氧

$C_2H_7O_3N$………厭氧

1-6 三級處理

1. 二級處理（生物處理）後所增加的處理程序都稱三級處理或稱高級處理，常見的有：砂濾、活性碳過濾、薄膜處理（MBR、MF、NF、RO）、電透析法、臭氧處理等。
2. CN^-處理

一次氧化：

$$NaCN + NaOCl \rightarrow NaCNO + NaCl$$

pH：10～11；ORP：300～350mV

二次氧化：

$$2NaCNO + 3NaOCl + H_2O \rightarrow 2CO_2 + N_2 + 2NaOH + 3NaCl$$

pH：7.5～8.0；ORP：650mV以上

3. Cr^{+6}處理

$2Na_2Cr_2O_7 + 6NaHSO_3 + 5H_2SO_4 \rightarrow 2Cr_2(SO_4)_3 + 5Na_2SO_4 + 8H_2O$

pH：2.5～3.0；ORP：250mV以上

4. 膠羽池

處理m^3/sec需0.3～0.6kW

雷諾數 $R_e = \frac{VD}{\upsilon}$

V：流速

D：直徑

υ：運動滯度

R_e大於2000：亂流

5. 混凝：打破膠體的穩定，降低粒子間的斥力

設計參數

	快混	慢混
時間	1～5min	10～30min
轉速	80～100rpm	25rpm
G	500 1/sec	50 1/sec

$G = \sqrt{\frac{P}{V\mu}}$

G：速度坡降（velocity gradient）：1/sec

快混之G為500 1/sec；水力停留時間T為300sec

慢混之G為50 1/sec；水力停留時間T為600sec

C為單位體積之懸浮物、膠羽所占的比例

GTC = 100最適合

P：動力，W，$P = \frac{C_D A\rho v^3}{2}$或$P = Q\rho gh$

ρ：$1000kg/m^3$

μ：$0.001kg/m.sec$

V：池子體積

v：槳板與流體相對速度

C_D：1.5，拖曳係數

Q：m^3/sec

1-7 污泥處理

1. 污泥處理方法

(1) 濃縮：12小時（停留時間）

(2) 消化：30天（停留時間，厭氧）；1～3星期（停留時間，好氧）

(3) 脫水

(4) 乾燥

(5) 焚燒

2. 污泥最終處置

(1) 掩埋

(2) 肥料

(3) 海洋拋棄

(4) 固化

(5) 燒

3. 污泥消化目的

(1) 減量成1/3～1/5

(2) 易脫水
(3) 臭味少
(4) 殺死病原菌

4. 高分子凝集劑

(1) 有機污泥：陽性
(2) 無機污泥：陰性

5. 污泥脫水前之預處理

(1) 淘洗
(2) 加藥
(3) 熱處理：200℃，1小時

6. 消化槽體積

直線減少：$V=\frac{1}{2}(Q_1+Q_2)T$

拋物線：$V=\left(\frac{1}{3}Q_1+\frac{2}{3}Q_2\right)T$

Q_1：投入污泥量
Q_2：消化污泥剩餘量
T：消化日數

1-8 水處理常用公式總整理

1. Chick's law:

$$N_t = N_o e^{-kt}$$

N_t：經過t時間後細菌濃度

N_o：最初細菌濃度

K：細菌減衰常數，以e為底

計算殺菌後殘留細菌濃度

2. Darcy-Weisbach formula:

$Hf = f(L/D)(V^2/2g)$

hf：直管之水頭損失

f：摩擦係數

L：直管長度

D：管徑

V：流速

g：動力加速度

計算直管中液體之水頭損失

3. Micalis-Menten equation:

$V = V_{max}\{[S]/(K_M + [S])\}$

V：微生物之生長速率

V_{max}：微生物最大生長速率

[S]：基質濃度

K_M：生長速率常數

當$V = 1/2V_{max}$時$[S] = K_M$

計算微生物生長速率

4. monod equation:

$\mu = \mu_{max}\{[S]/(K_S + [S])\}$

μ：比生長率

μ_{max}：最大比生長率

[S]：基質濃度

K_S：比生長率速率常數

當$\mu = 1/2\mu_{max}$時$[S] = K_S$

計算微生物比生長率

5. Hazen-Williams formula

$$V = 0.849CR^{0.63}S^{0.54}$$

V：滿管時管線中之流速

C：流速係數，C = 100～130，依管線材質及使用年限而異

R：水力半徑 = 截面積除以溼周

S：水力坡降

計算滿管時管線中之水流速

6. Hardy-Cross method formula

$$H = KQ^n$$

H：自來水管網之損失水頭

Q：流量

n：對各種水管皆相同之流量指數，一般為1.75～2，取1.85

K：常數

自來水管網設計用

7. Henry's law：亨利定律

$$P = K_HC$$

P：氣體在液體表面之壓力

K_H：亨利常數

C：氣體在液體中之濃度

P與C成正比，計算C用

8. Manning formula：曼寧公式

$V = 1/nR^{2/3}S^{1/2}$

V：未滿流導水渠中水之流速

n：粗糙係數，0.013～0.02

R：水力半徑 = 水流截面積除以溼周

S：水力坡降

計算未滿流導水渠中水之流速

9. Rational method formula：合理式

Q：0.278 CIA

Q：雨水逕流量

C：逕流係數，C = 0.1～1，依土地透水率不同而異

I：降雨強度

A：排水面積

計算雨水逕流量用

10. Velocity gradient：

$G = (P/\mu V)^{1/2}$

G：速度坡降

P：動力，$P = \frac{C_D A r n^3}{2}$或$P = Q\rho gh$

V：池子體積

μ：0.01kg/m.sec

ρ：$1000kg/m^3$

υ：槳板與流體相對速度

C_D：1.5，拖曳係數

Q：m^3/sec

G值需大於20以促進膠凝作用，需小於75以免破壞膠羽

控制快、慢混之混凝效果用

chapter 2

建築業生活污水處理

※實廠案例——山多仕建設華清椰城污水處理廠

2-1 前言

山多仕建設新竹市華清二期集合住宅案為配合政府之環境保護政策——防治污染，因此擬於此設計建造之時，亦將廢水處理工程設計考慮在內，將興建廢水處理設施處理其排放之廢水。此處理設備含廢水處理工程、噪音防治工程、廢水排放工程、絕無二次污染問題。

2-2 設計基準

1. 廢污水水量

最大日污量：600CMD

(1) 店鋪

$809.77m^2 \times 0.2$人$/m^2 \times 0.2m^3/day \times 1.5 = 48.6m^3/day$

(2) 住宅

333戶$\times 5$人／戶$\times 0.3m^3/day \times 1.1 = 549.45m^3/day$

(3) 合計$48.6m^3/day + 549.45m^3/day = 598.05m^3/day$

（以$600m^3/day$進行設計）

2. 設計水質

pH：5～9

BOD：220mg/L

SS：220mg/L

大腸菌類：10^6個/mL

油脂：20mg/L

3. 放流水標準

pH：6～9
BOD：30mg/L以下
SS：30mg/L以下
大腸菌類：2,000個/mL
油脂：10mg/L以下
（達87年甲類建築物放流水標準）

4. 處理流程

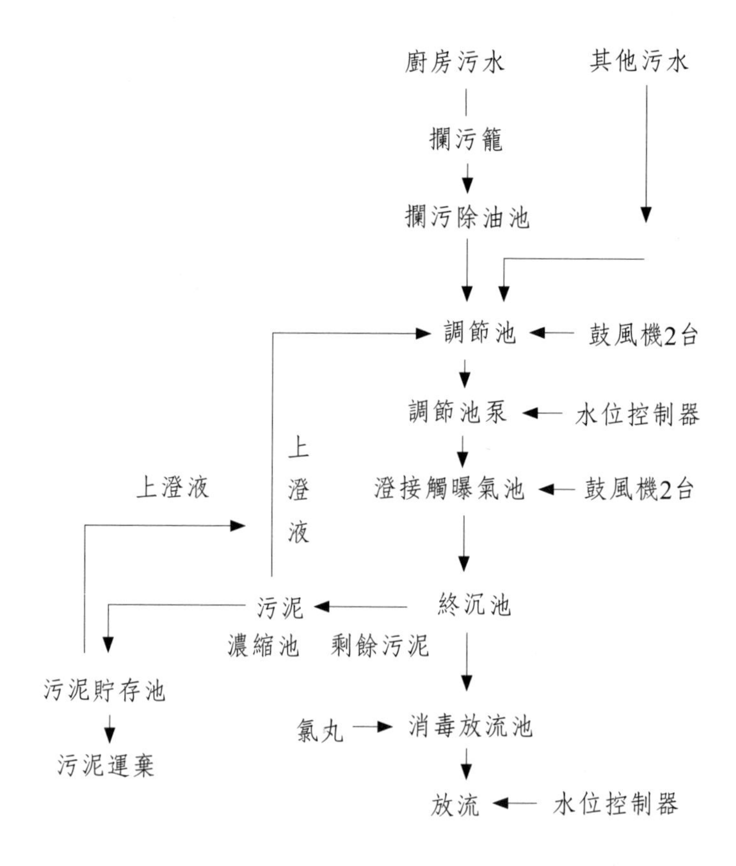

5. 此污水工程需配合辦理建築物使照環保查核及環保排放許可證申請，且此工程處理水質需符合環保87年放流水標準。

2-3 業主提供設施

1. 電源（至污水機房）：

動力電源	380V（或220V）	三相	60HZ
控制電源	220V	單相	60HZ
照明電源	220V	單相	60HZ

2. 污水收集管線（一次配管）
3. 廢氣排放專屬管線至屋頂（6"ϕ×2支，3"ϕ×4支）
4. 放流水排放專屬管線至戶外放流口（4"ϕ×1支）
5. 土木工程部分
6. 污水池防水粉刷工程
7. 放流口施作
8. 污水機房（含門）提供

2-4 設備內容及規格

一、土木部分（業主負責）

（所有污水池均設置人孔，以利後續維護工作進行）

1. 攔污除油池

   材質：R.C
   尺寸：$3.5m^L \times 3.0m^W \times 4.75m^D/5.05m^H$
   　　　$3.2m \times 3.5m \times 1.6m \times 3.0m \times 4.75mm^D/5.05m^H$
   數量：2座
   有效容積：$84.0m^3$

2. 固液分離池

   材質：R.C
   尺寸：$3.5m \times 3.7m \times 5.8m \times 4.0m \times 4.75m^D/5.05m^H$
   　　　$3.0m \times 6.8m \times 5.8m \times 4.75mm^D/5.05m^H$
   數量：2座
   有效容積：$123.0m^3$

3. 調節池

   材質：R.C
   尺寸：$3.5m^L \times 3.0m^W \times 4.55m^D/5.05m^H$
   　　　$4.2m \times 5.5m \times 6.0m \times 4.55m^D/5.05m^H$
   　　　$7.1m^L \times 4.2m^W \times 4.55m^D/5.05m^H$
   數量：3座
   有效容積：$236.0m^3$
   停留時間：9.44hrs

4. 接觸曝氣池

材質：R.C
尺寸：$7.1m^L \times 2.7m^W \times 4.75m^D/5.05m^H$
$7.1m^L \times 2.7m^W \times 4.75m^D/5.05m^H$
數量：2座
有效容積：$182.10m^3$
停留時間：7.3hrs

5. 終沉池

材質：R.C
尺寸：$6m \times 5.7m \times 3m \times 6.4m \times 4.55m^D/5.05m^H$
數量：1座
有效容積：$93.3m^3$
停留時間：3.7hrs
表面溢流率：$23.4m^3/m^2/day$

6. 消毒放流池

材質：R.C
尺寸：$1.0m \times 3.6m \times 3.0m \times 4.2m \times 4.05m^D/5.05m^H$
數量：1座
有效容積：$34m^3$
停留時間：1.36hrs

7. 污泥濃縮池

材質：R.C
尺寸：$3.5m^L \times 2.2m^W \times 4.75m^D/5.05m^H$
數量：1座

有效容積：29.2m^3

8. 污泥貯存池

材質：R.C

尺寸：6m×8.2m×9.0m×9.0m×1.45m^D/1.75m^H

7.1m^L×2.0m^W×1.45m^D/1.75m^H

數量：1座

有效容積：109.7m^3

儲存時間：60日以下

9. 污水池防水工程

10. 鼓風機房（含門）

材質：R.C

數量：1座

11. 戶外污水放流口施作（磚砌）

12. 廢氣管接至屋頂

3"φ×4支×PVC

6"φ×2支×PVC

13. 放流水管接至戶外放流口

4"φ×SUS304×1支

14. 鼓風機基礎座×4座

150cm^L×80cm^W×15cm^H

15.終沉池及污泥濃縮池傾斜底工程

數量：3座收集斗

16.筏基預套管、人孔工程

二、機電部分

1. 不鏽鋼欄污籃

材質：SUS304
尺寸：$50cm^{L} \times 40cm^{W} \times 30cm^{H}$
孔目：5m/m ϕ
數量：2組（1組備用）
附件：不鏽鋼支架

2. 浮渣擋板

材質：SUS304、FRP
尺寸：150cmL×60cmW
數量：4組

3. 調節池抽水泵

廠牌：川源或同等品
型式：沉水式不阻塞型
馬力：2HP×380V×60HZ×3" ϕ
流量：$0.45m^{3}/min \times 8m^{H}$以上
數量：2台（1台備用）
附件：自動著脫設備、浮球液位計

4. 放流池揚水泵

廠牌：川源或同等品
型式：沉水式
馬力：5HP×380V×60HZ×4" ϕ
流量：$0.7m^3/min \times 18m^H$
數量：2台（1台備用）

5. 消毒設備

型式：氯錠接觸式
口徑：5" ϕ
桶身：PVC
上蓋及底座：工程ABS
數量：1組

6. 污泥泵

廠牌：川源或同等品
型式：沉水式
馬力：1/2HP×380V×60HZ
流量：$80L/min \times 6m^H$以上
數量：6台（終沉池×4台、污泥濃縮池×2台）

7. 浮渣氣昇設備（沉澱池用）

型式：氣昇式
口徑：2" ϕ
數量：2組
處理量：$20L/min \times 1m^H$

8. 調節池鼓風機

廠牌：龍鐵或同等品
型式：魯式鼓風機
數量：2台（1台備用）
馬力：10HP×380V×60HZ
風壓：5000mmAq
風量：$5m^3/min^H$以上
附件：1.安全閥　2.出入口消音器　3.空氣過濾器
4.防震接頭　5.出口逆止閥

9. 生物池鼓風機

型式：魯式鼓風機
數量：2台（1台備用）
馬力：15HP×380V×60HZ
風壓：5200mmAq
風量：$7m^3/min^H$以上
附件：1.安全閥　2.出入口消音器　3.空氣過濾器
4.防震接頭　5.出口逆止閥

10.生物濾材

型式：水平對流蜂巢式
數量：$105m^3$
材質：耐蝕PVC
比表面積：$100m^2/m^3$以上
空隙率：97%
厚度：0.2～0.3m/mt
尺寸：$100cm^L \times 50cm^W \times 50cm^H$

11.生物濾材固定架

固定架：
材質：SUS304
型式：L型角鋼

12.散氣盤（粗氣泡）

通氣量：0.06m^3/min以上
材質：擴散蓋Neoprene Rubber耐酸鹼
擴散基座：ABS
管架：SUS304
數量：65組

13.細氣泡散氣盤

通氣量：0.06～0.02m^3/min以上
材質：擴散蓋EPDM
本體：複合工程塑膠×30cmϕ
數量：36組

14.終沉池內部配件（整流桶、溢流堰及浮渣擋板）

材質：SUS304 or FRP
尺寸：整流桶：60cmϕ ×1.2m^H
溢流堰：3mL
浮渣擋板：3 mL
數量：1套

15.污泥濃縮池內部配件（整流桶、溢流板）

材質：SUS304或FRP

尺寸：整流桶：40cm ϕ ×1m^{H}
溢流板：10cm^{L}×40cm^{W}
數量：1組

16.氣密鑄鐵人孔蓋（含安裝）

材質：鑄鐵
尺寸：60cm^{L}×60m^{H}
數量：19組
附件：氣密壓條

17.菌種及污泥馴養

18.獨立水錶、電錶設置

19.流程整理及水位調整

20.現場配管及凡而

(1)鼓風機曝氣管
①鼓風機出口至分散器為GIP
②分散器出口閥至水面為SUS304
③水面以下為PVC
(2)污水、污泥管PVC（南亞、大洋）

21.現場配電及配電盤

(1)全自動控制，附備用及警報系統
(2)此工程所有設備之馬達為東元、大同產品，電纜線為太平洋、華新、麗華產品，無熔絲開關及電磁閥開關為士林、台安產品。

(3)配電盤為屋內型配電盤

22.吊運、試車及安裝

23.水質檢驗工程、功能測試

24.鼓風機房噪音防治工程：

(1)防震處理工程
(2)通風消音箱×2組

25.環保使照審查、排放許可申請、文書作業及技師簽證

※(1)工務局下水道課完工查驗作業
(2)環保局使照暫時排放許可申請作業
(3)環保局正式排放許可申請作業
※下水道課查驗作業須由業主責成管線承裝商提供符合主管機關審查要點之圖面及相關文件、證照，圖面審查及修改亦由管線承裝商自理。

26.管理及雜項工程

設計、承建廠商：大陸水工股份有限公司
工地主任：吳永福

chapter 3

商辦大樓之污水處理

※實廠案例——臺北101大樓之污水及中水處理廠

3-1 前言

臺北101國際金融中心有101層，是目前世界上最高的綠建築，如圖3.1，其處於航道下及地震、缺水問題頻傳的臺北市，常成為社會議題的焦點，所以工程品質、工安及環保要求很高。為順應世界節約用水的潮流及面對臺北市時常因缺水而限水的問題，101金融中心大樓內設有中水及雨水回收處理系統，由大陸水工股份有限公司承攬此回收處理工程，本項工程主要是將大樓產生的雜排水經生物二級處理及砂濾、活性碳、樹脂等三級處理後，再與經砂濾處理的雨水會合進入中水道系統，而中水道系統主要是將回收處理過的水打至發電機冷卻水系統、空調冷卻系統、消防灑水系統及衛生沖洗（抽水馬桶、小便斗）系統使用，使每日減少800m^{3}的自來水使用量，同時也使每天廢水的排放量減少800m^3。

圖3.1　臺北101國際金融中心

近年來世界各地都有水資源短缺的問題，地中海地區的國家由於人口、觀光客及農業灌溉的增加等，造成對水的需求增加，使水源不足，必須開始做廢水的回收再利用（Shelef and Azov, 1996），在希臘也有相同的問題，各種水源的回收與再利用也正被熱烈的討論中（Techobanoglous and Angelakis, 1996），臺灣近年來每年都有缺水問題，水的回收再利用是當前重要課題，例如基隆市環境保護局天外天垃圾掩埋場滲出水處理廠已使用RO做三級處理，使垃圾滲出水處理至可回收再利用的水質標準（陳and駱，2003），目前回收至消防用水、街道灑水及灌溉花木使用。

3-2 設計基準

1. 設計水量：800CMD
2. 廢水水質：

COD	450mg/L
BOD_5	120mg/L
SS	120mg/L
pH	6～9
大腸菌類（E coli）	10,000～1,000,000個/mL
油脂（Grease）	50mg/L

3. 87年放流水標準及處理後水質：

表3.1 87年放流水標準及處理後水質

項目	87放流水標準	處理後水質
COD	<100mg/L	<30mg/L
BOD_5	<30mg/L	<5mg/L
SS	<30mg/L	<5mg/L
pH	6～9	6～9
大腸菌類（E coli）	<2000個/mL	<100個/mL
油脂（Grease）	---	<5mg/L
總溶解性固體物（TDS）	---	<100mg/L

3-3　處理流程如圖3.2

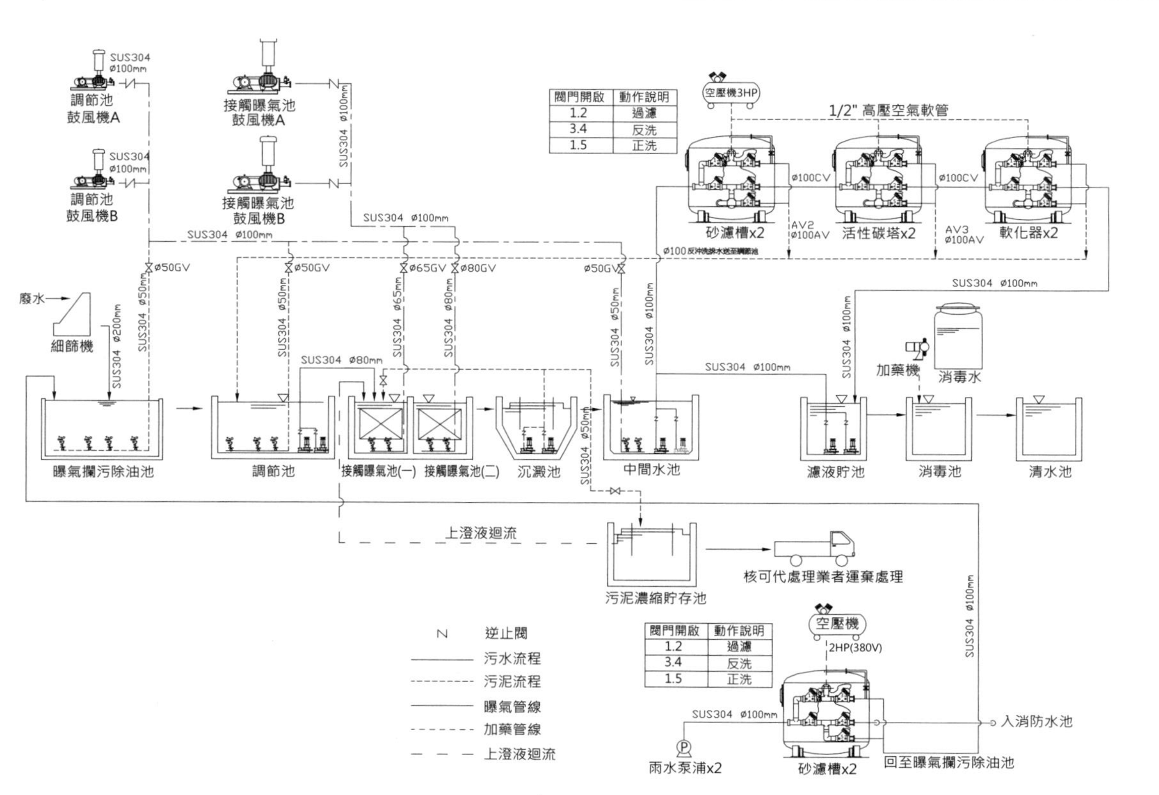

圖3.2　處理流程圖

3-4 處理流程說明

1. 處理方式分成以下四個單元說明：

 (1) 初級處理：攔污除油。
 (2) 二級處理：生物處理、沉澱。
 (3) 三級砂濾、吸附、軟化、消毒、貯存、回收。
 (4) 雨水處理：砂濾、貯存、回收。

2. 處理原理說明：

 (1) 攔污機：攔阻廢水中所含之大型固型物及纖毛細渣流入廢水處理系統內，以免影響抽水設備或其他機具之操作，以維持設備及管路之正常運作。
 (2) 曝氣攔污除油池：藉物理方式去除廢水中具有可沉降性之有機物及懸浮固體，以減輕二級處理之負荷。為避免日後實際廢水含油脂成分而影響生物處理，同時設置除油設施，並定期委託代清運業者抽除浮渣、油脂。
 (3) 調節池：廢水經前處理後溢流至本池，經由空氣之攪拌使達充分攪拌、降溫、酸鹼隱定及局部氧化之目的，並以泵浦定量打至生物池做定量之處理。
 (4) 接觸曝氣池：本系統為全廠最重要之處理單元，廢水中之有機物幾乎完全仰賴本池中之微生物進行分解，生物膜又名固定床生物膜，係利用高接觸面積之濾材使之附著於表面，增加生物質與量，一方面為節省空間，一方面為增加處理效率，而生物膜係一表層有好氧，底層為厭氣之生態，且不斷新陳代謝，老化污泥到一定程度即剝落，並長出較年輕之污泥，如此循環加上後續迴流污泥之補充及循環處理，各種不同菌相會互相分解，達污泥消化之目的，因此到沉澱池之廢棄污泥量甚少，本系統於國外稱NO Sludge System意即污泥量甚低之意。

(5) 沉澱池：接觸曝氣池之出流水中尚有少量之污泥，而其比重略大於1，故設沉澱池使之沉澱，部分老化污泥將之廢棄，部分則迴流到前一單元做為污泥之補充。採接觸曝氣之處理方式，於實際使用上甚至可不設沉澱池，其SS濃度亦可達放流水標準以下。

(6) 中間水池：本池係砂濾槽操作前之貯水池，以便做過濾泵浦抽水之用。

(7) 過濾槽：砂濾桶內部裝填大、中、小石及細砂，以過濾污水中之懸浮物。此單元為備用設備，如遇SS值過高時則啟動本系統，並且為自動過濾，其過濾一段時間後因雜質阻塞於濾石縫隙間，桶內壓力便上升，上升至$1kg/cm^2$時，則自動切換閥門開始進行反洗，如此循環操作。雨水處理單元同此單元操作。

(8) 活性碳槽：利用活性碳高吸附特性，吸附有機性污染物，降低BOD。

(9) 軟化槽：利用陽離子交換樹脂，去除水中鈣、鎂，純化水質，降低總溶解性固體（TDS）。濾液貯存池之水流經砂濾槽，活性碳槽後之處理水流至本池以利下一單元處理。

(10) 消毒池：廢水中含有大量之大腸菌須加以消毒方可排放或再利用。

(11) 清水池：經消毒後之處理水流至本池，藉重力流量至中水道系統水池貯存回收水再利用。

(12) 污泥濃縮貯存池：污泥經由重力沉降徵後儲存，並定期由合格清運公司清除抽出處理。

3-5 水池尺寸及設備規格

各處理單元尺寸及水力停留時間如表3.2所示，各主要機電設備及規格如表3.3所示。

表3.2 各處理單元尺寸及水力停留時間

處理單元	尺寸（$m^L \times m^W \times m^D$）	數量（池）	水力停留時間
曝氣攔污除油池	8 × 5.6 × 1.85 8 × 3.25 × 1.85	2	1.3hrs
調勻池	8 × 3.7 × 1.8 8 × 5.6 × 1.8	2	8.9hrs
接觸曝氣池	9.74 × 3.45 × 1.9 9.74 × 8 × 1.9	2	6.35hrs
沉澱池	9.74 × 8 × 1.7	1	2.3hrs
中間水池	8 × 4.95 × 1.7	1	2.01hrs
快砂濾槽	1.9 ϕ × 1.5H	2	濾速7.04m/hr
活性碳吸附槽	2.3 ϕ × 1.83H	2	濾速7.0m/hr
軟化槽	1.94 ϕ × 1.83H	2	濾速7.0m/hr
消毒池	8 × 4.95 × 1.9	1	1hrs
污泥濃縮貯池	8 × 4.75 × 1.85 4.95 × 3.45 × 1.85 4.95 × 3.1 × 1.85 4.95 × 5.85 × 1.85	4	74.72日

表3.3 主要機電設備及規格

設備名稱	馬力（kw）	性能	數量
細篩機 細篩機加壓泵浦 細篩機驅動馬達	 0.75 0.025	4～200m^3/hr	1台 1台 1台
空壓機	2.2	空氣桶容量105L	1台
粗氣泡散氣盤		80～100L/min	72只
細氣泡散氣盤		0.02～0.2CMM	63只
調節池鼓風機	7.5	9CMM × 2500mmAq	2台
生物池鼓風機	7.5	10CMM × 2500mmAq	2台
接觸生物濾材		比表面積108m^2/m^3	120m^3
調節池揚水泵浦	2.2	0.6CMM × 6m^H	2台
沉澱池污泥泵	0.75	0.2CMM × 9m^H	8台
加壓泵浦	5.5	34.8CMM × 20m^H	4台
反沖洗泵浦	5.5	34.8CMM × 20m^H	4台
砂過濾設備		20CMH	4台
活性碳吸附塔		20CMH	2組
軟化槽		20CMH	2組
加藥泵浦	0.25	240mL/min	2台
貯藥桶		1000L	1只

3-6 結果與討論

由表3.1可知，處理後水質比環保署87年放流水標準好很多，尤其BOD_5比廁所沖洗用水、噴灑用水及景觀用水水質標準的建議值10mg/L低很多，COD及SS值也極低。

由表3.2可看出水池深度很淺，都僅在1.7～1.9m之間，因各個水池都設於密閉式的筏式基礎中，不占空間、不需土木水池費用且臭味不會外溢，唯施工困難，機電設備之初設成本略高。

由圖3.2及表3.3可知，本套回收再利用處理系統除有完整的二級生物處理設備外，尚有淨水用的三級處理設備，且主要設備都有二組（一組備用），所以可以完全掌握處理後的水質，對臺北101大樓的回收用水品質有絕對的保障。

3-7 結論與建議

臺北101國際金融大樓能將廢水處理至回收再利用標準且確實落實回收再利用工作，使其大大提高國際形象，因此將節省不少水費，對常限水的臺北市也是一種貢獻，值得相關建築物或事業單位效仿。

在經常有缺水狀況的臺灣，更應鼓勵大家把水回收再利用，尤其容易處理又無毒性的生活污水更應儘量做回收處理再利用，若政府能立相關法令強制某種廢水做適當比例的回收，再配合一定誘因的獎勵措施，大家一定不用再限水，水庫也不見得要再興建。

3-8 參考文獻

Shelef G. Azov Y. (1996) The coming era of intensive wastewater reuse in the mediterranean region. *Wat. Sci. Tech*. 33(10), 115-125.

Tchobanoglous G. and Angelakis A.N. (1996) Technologies for

wastewater treatment appropriate for reuse: potential for applications in greece. *Wat. Sci. Tech*. 33(10), 15-24.
陳之貴，駱尚廉，2003，垃圾滲出水之再生及再利用，第八屆水再生及再利用研討會，p.52～60。

承建廠商：大陸水工股份有限公司
工地主任：吳永福

chapter 4

飯店廢水處理（AS/CA合併系統）

※實廠案例——臺北圓山大飯店廢水處理廠

4-1 前言

圓山大飯店為配合政府之環境保護政策，防治污染，因此擬設立污水處理設施處理其排放之廢水。由於水質、水量變化很大，所以使用特別耐環境衝擊的活性污泥／接觸曝氣（AS/CA）合併系統，其因菌相多、食物鏈長、造成系統穩定、排放水質好且污泥產量少。

4-2 設計基準

1. 廢水來源：
   (1)餐飲 (2)廚房 (3)客房 (4)洗衣房 (5)化糞池
2. 設計水量：1200CMD
3. 設計水質：COD：500ppm
   BOD：200ppm
   SS：120ppm
4. 放流水標準：達87年環保局放流水標準
   pH：6～9
   BOD：50ppm以下
   SS：50ppm以下
   大腸桿菌：3000個/mL以下

4-3 本污水處理系統特性

1. 不得產生噪音污染，空氣污染等二次公害。

2. 本系統為無污泥系統（no sludge system），有機性污幾乎全部被微生物分解，連老化污泥亦被當成有機物分解，故整個系統所產生的污泥量很少。

4-4 業主提供設施

1. 電源：動力電源　440V　三相　60HZ
   控制電源　220V　單相　60HZ
   照明電源　220V　單相　60HZ
2. 化學藥品：
   NaOCl：餘氯量保持0.2～1mg/L，大腸菌去除率可達99.9%
3. 操作人員：1人

4-5 處理流程

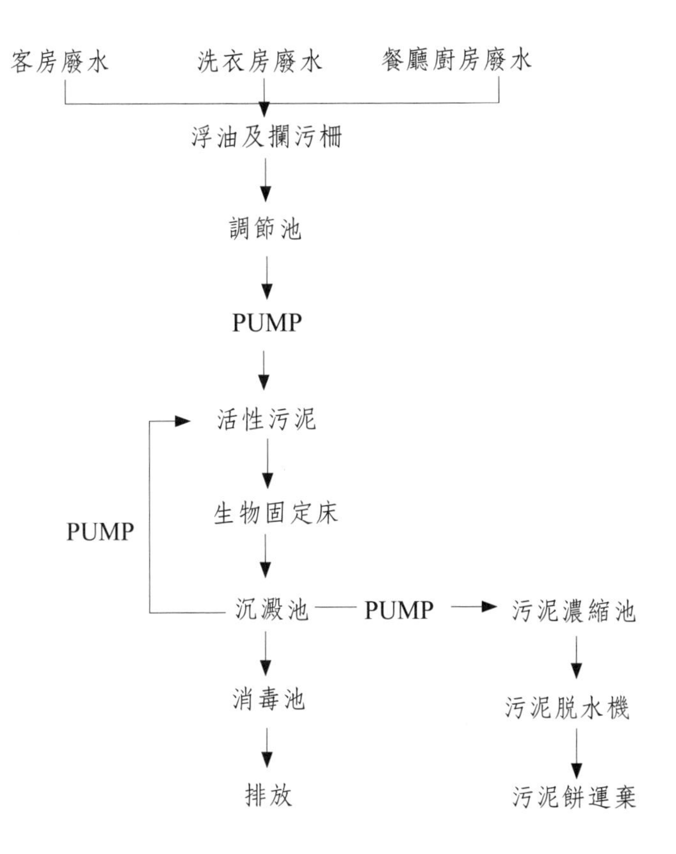

4-6 處理程序簡介

此廢水處理程序採活性污泥、接觸曝氣法（AS/CA）合併系統之二級生物處理法。此系統有懸浮性及附著性之微生物，菌相多，系統穩定，異種菌相之老化污泥屍體會互相當成有機物分解掉，所以污泥產量少，且不會膨化，由於第一槽進流水濃度較高是活性污泥池，故也無阻礙的問題，故此合併系統有活性污泥法及接觸曝氣法的優點，而無兩者各別的缺點，又耐環境衝擊。此處理程序乃將各類廢水導引至調節池（原有）混合，為使廢水達到均勻混合攪拌之目的，鼓風機提供了適當的曝氣量，避免SS沉澱產生臭味，並兼有增加水中溶氧量的效果。

調節池廢水藉一組液位控制器控制沉水式污水泵，可直接將廢水抽至曝氣池進行活性污泥之生物處理程序，鼓風機提供了適當的空氣量，以維持微生物的分子好氧性分解，而ML-SS之維持，可藉終沉池污泥流達此目的。曝氣池至少有六小時以上的曝氣時間，經曝氣池後，溢流至終沉池分離，終沉池部分污泥迴流外，其餘則排放至污泥濃縮池，濃縮消化再經脫水機脫成污泥餅運棄，終沉池之廢水溢流至消毒池加藥消藥消毒殺菌後，將大腸桿菌處理至MPN3,000/0.1L再行排放。

4-7 處理原理說明

調節池：工業廢水之水質、水量常因製程、時間之改變而產生極大之變化，如果以調節池予以適當之調勻，不旦可以由廢水本身的酸鹼中和，減少並穩定酸、鹼的用量，更可以穩定水質、水量以於利續之生物處理或化學處理之加藥量。通常調節池均設有曝氣裝置，不但可以增加廢水中之溶氧，並且可以氧化廢水中之還原物質，降低COD量。

曝氣池：曝氣池亦即好氧性之生物處理反應池，生物處理是利用微生物在含氧的情況下分解廢水中複雜的有機化合物以新陳代謝作用來處理廢水之方法。而生物分解過程中會消耗廢水中的氧，為了維持生物的生長必須經由補充水中之溶氧量。

沉澱池：沉澱池之設置主要在於分離廢水中包括活性污泥

之懸浮固體物，通常為了保持曝氣槽內之活性污泥量，皆設有迴流設備，另外，多餘之污泥則抽至濃縮池處理之。

污泥濃縮池：其功能在於濃縮池之污泥，以減污泥量增污泥濃度，再以污泥脫水機壓成污泥餅，以節省污泥處理成本。

4-8 設備內容及規格

一、土木部分（水池除浮油攔污池外均加蓋）

1. 浮油及攔污池

   材質：R.C
   尺寸：$3.0m^{L} \times 1.0m^{W} \times 1.8m^{H}$
   數量：1座

2. 調節池

   材質：R.C
   尺寸：$6m^{L} \times 5m^{W} \times 3.3m^{H}$
   停留時間：2.8hrs以上
   數量：1座

3. 活性污泥池

   材質：R.C
   尺寸：$7m^{L} \times 4m^{W} \times 4.3m^{H}$
   停留時間：2.5hrs
   數量：1座

4. 生物固定床

材質：R.C
尺寸：$7m^L \times 4m^W \times 4.3m^H$
停留時間：5hrs
數量：2座
另二座SS41鐵板桶槽共$100m^3$

5. 沉澱池

材質：R.C
尺寸：$4m^L \times 4m^W \times 4.3m^H$
停留時間：2hrs
數量：1座

6. 消毒池

材質：R.C
尺寸：$2.75m^L \times 1.75m^W \times 4.3m^H$
數量：1座

7. 污泥濃縮池

材質：R.C
尺寸：$2.75m^L \times 2m^W \times 4.3m^H$

8. 機房

材質：R.C
尺寸：$5m^L \times 4.5m^W \times 3.4m^H$
數量：1座
功能：(1) 必須做隔音吸音設備，如隔音門、通風消箱等。

(2) 必須有通風設備及照明設備。

二、機電部分

1. 調勻池刀切沉水式污水泵（不阻塞型）

   馬力：7.5HP×440V×60HZ

   揚程：10mH

   流量：1.2m³/min

   數量：2組（1組備用）

2. 加藥機

   廠牌：日本NIKKSO或同級品

   型式：隔膜式可調定量加藥機

   加藥量：250～2500CC/min

   馬力：1/4HP×三相440V×60HZ

   數量：2部（1部備用）

3. 藥品貯槽

   廠牌：國貨

   材質：PE（耐酸鹼）

   容量：3000L

   數量：1只

4. 鼓風機

   廠牌：外貨，如ANLET

   型式：Root's Type三葉一體成型

   馬力：40HP×440V×60HZ

   風壓：4500mmAq

   構造：(1) 轉子與轉軸材質FCD 50經鑄造為一體三葉式

   (2) 齒輪材質為SCM 415製成

   數量：2部（1部備用）

   附件：(1) 安全閥

(2) 出入口消音器
(3) 空氣過濾器
(4) 底座逆止閥，壓力計
(5) v-皮帶，v-皮帶輪
(6) 皮帶罩蓄，底腳螺絲

5. 氣昇泵浦
型式：可調節式，無阻塞型
數量：2部

6. 生物膜接觸濾材及固定架
廠牌：大陸、力霸、宏興
規格：外型尺寸120cm×64cm×64cm
有效接觸面積120m^2/m^3
板厚0.2～0.3m/m
孔截面積20cm^2（±10%）
材質：耐衝擊高密度之透明PVC
數量：224組

7. 鼓風機配管及散氣盤
廠牌：大陸、力霸、宏興
規格：(1) 4/8"牙口，3/8"入氣口
(2) 直徑80m/m
(3) 高度40m/m
(4) 通氣量0.08～0.10m^3/min
材質：擴散蓋Neoprene Rubber耐酸鹼
擴散基座ABS

8. 沉澱池內部配件（整流桶及溢流堰）
9. 污泥濃縮池內部配件（整流桶及溢流堰）
10. 菌種及污泥馴養
11. 現場配管及凡而

12.現場配電及配電盤
13.吊運、按裝、試車
14.管理費、雜費

4-9 控制程序

1. 調節池及抽水井泵浦

受池內水位浮球控制啟閉，平時一台動一台備用，當池中水位到達高水位時泵浦自動啟動打水，反之低水位時則自動停止。當一台異常跳脫時自動切換啟動鄰台。

2. 鼓風機A、B台（一台備用）

(1)鼓風機A、B：由鼓風機24小時不停地送氣至所有調節池中，使池中之水均勻攪拌、穩定水質。
(2)鼓風機A、B：由鼓風機24小時不停送氣至所有生物固定池，沉澱池、消毒放流池及污泥濃縮池，使水中充分溶氧以利微生物生長、氣昇抽泥及均勻攪拌。

4-10 藥品加入

氯丸加入氯丸加藥槽桶內，以使發揮殺滅大腸桿菌之效用。

4-11 定期要作的事

1. 控制箱

(1) 每週請專責人員巡視查看，如有故障跳脫燈亮時，會聽到警鈴響起，便按消除的按鈕。再檢視控制盤內開關有無異常，或者線路機械設備檢查之。

(2) 盤面上的控制全部開自動來動作。

2. 鼓風機

(1) 24小時操作，每三個月需換潤滑油一次。以中國石油公司產品90號齒輪油加入。

(2) 鼓風機鼓體兩側機油視窗鏡要保持一半油量。

(3) 驅動皮帶要定期檢查、調整緊度或更換。

3. 藥品

定期檢視藥品之消耗情形，隨時不足補充。

4. 污泥濃縮池

大約一年左右請水肥車或代運業抽運一次。

5. 負載巡檢

要定期檢視機構之負載情形，以斷定其工作之效率及正常與否。

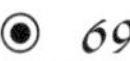

設計、承建、操作維護廠商：大陸水工股份有限公司
工地主任：童義欽、吳永福、陳健在

chapter 5

醫院廢水處理

※實廠案例——慈濟醫院新店分院廢水處理廠

5-1 前言

財團法人佛教慈濟綜合醫院新店分院新建工程為配合政府之環境保護政策，防治污染，因此擬設立污水處理設施處理其排放之廢水。下水道系統主要收集全區之生活污水及餐廳廚房用水，污水管線都是配合建築物之建造，最後匯入主幹管排至污水處理場統一處理後排放。

5-2 設計基準

1. 廢水來源：

   (1) 廚房　(2) 浴廁廢水　(3) 其他廢水

2. 水量

   設計污水量：900CMD
   BOD負荷：900CMD×200mg/L = 180kg/day
   污泥預估量：4.5m^3/day

3. 時間變化

   一般水量集中在PM 6：00～10：00

4. 原水水質

   COD：450mg/L
   BOD：200mg/L
   SS：200mg/L

pH：5～9

5. 處理後水質：（符合87年放流水標準）

pH：6～9
COD：100mg/L以下
BOD：30mg/L以下
SS：30mg/L以下
大腸菌數：2000個/mL以下

5-3　本污水處理系統特性

1. 不得產生噪音污染，空氣污染等二次公害。鼓風機房門口處噪音量不得大於背景噪音10分貝，鼓風機房亦須通風良好。
2. 本系統為無污泥系統（No Sludge System），有機性污泥幾乎全部被微生物分解，連老化污泥亦被當成有機物分解，故整個系統所產生之污泥量很少。
3. 污水處理場之廢氣須有收集系統，處理場外不得有異味產生。

5-4　業主提供設施

1. 電源：

動力電源　220V　三相　60HZ
控制電源　220V　單相　60HZ

照明電源　220V　單相　60HZ

2. 化學藥品

NaOCl：餘氯量保持0.5mg/L，大腸菌去除率可達99.9%

3. 操作人員：1人

5-5　工程界面

甲方需提供：一次配管、配電至乙方指定之地點
結構體工程〔含機房及放流陰井（含不鏽鋼陰井蓋）〕
污水收集管線設計及施作
放流管線施作
臭氣排放管線施作
環保局送審之相關基本資料

乙方需提供：所有機械設備安裝、配管、配電（含流量計）
結構體工程之土木尺寸圖面（不含結構確認）
事業單位及建築物所需之環保局送審之技師簽證業務

5-6 處理流程

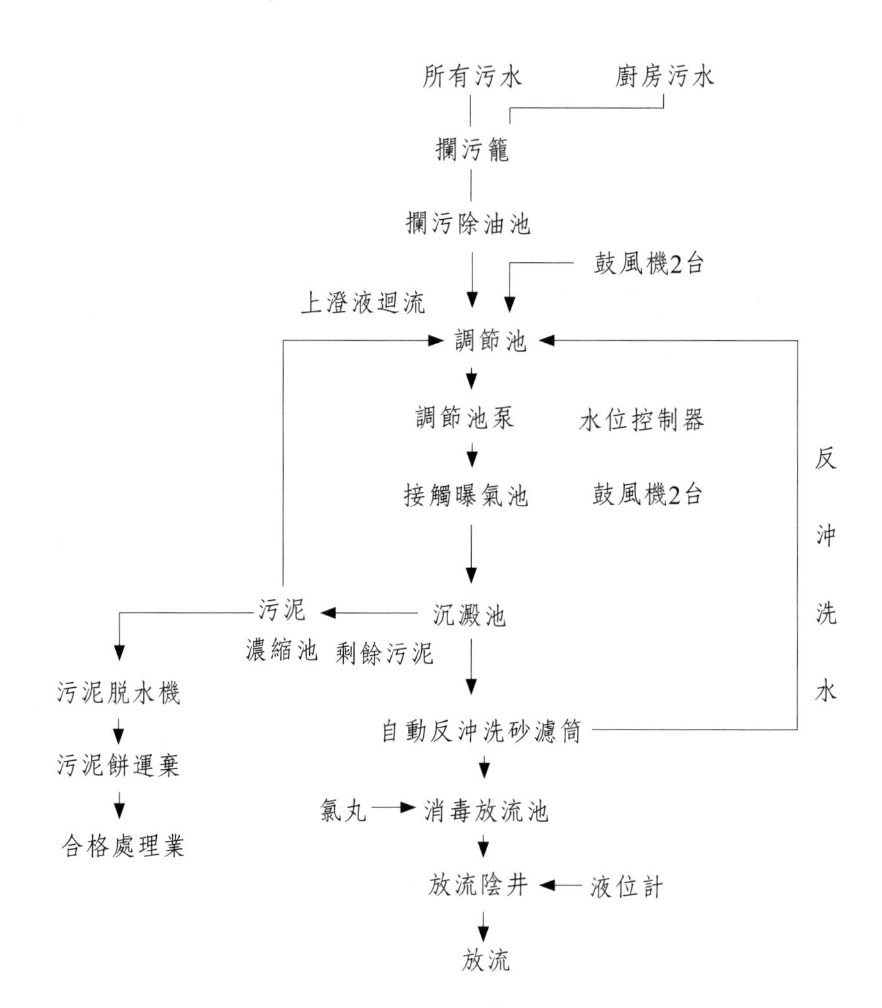

所有污水
廚房污水
攔污籠
攔污除油池
鼓風機2台
上澄液迴流
調節池
調節池泵
水位控制器
接觸曝氣池
鼓風機2台
反
沖
洗
水
污泥
濃縮池
沉澱池
剩餘污泥
污泥脫水機
自動反沖洗砂濾筒
污泥餅運棄
氯丸
消毒放流池
合格處理業
放流陰井
液位計
放流

5-7 處理程序簡介

此規劃書之廢水處理程序採生物固定床用二級生物處理活性污泥法。此處理程序乃將各類廢水導引至調節池（原有）混合，為使廢水達到均勻混合攪拌之目的，鼓風機提供了適當的曝氣量，避免SS沉澱產生臭味，並兼有增加水中溶氧量的效果。

調節池廢水藉一組液位控制器控制沉水式污水泵，可直接將廢水抽至曝氣池進行活性污泥之生物處理程序，鼓風機提供了適當的空氣量，以維持微生物的分子好氧性分解，而ML-SS之維持，可藉終沉池污泥迴流達此目的。曝氣池至少有六小時以上的曝氣時間，經曝氣池後，溢流至終沉池分離，終沉池部分污泥迴流外，其餘則排放至污泥濃縮池，濃縮消化終沉池之廢水溢流至消毒池加藥消毒殺菌後，將大腸桿菌處理至2,000個/mL再行排放。

5-8 處理原理說明

調節池：社區污水之水質、水量常因社區人群生活起居及時間之改變而有所變化，如果以調節池予以適當之調勻，不但可以由污水本身的酸鹼中和，減少並穩定酸、鹼的用量，更可以穩定水質、水量以利於後續之生物處理或化學處理之加藥量。通常調節池均設有曝氣裝置，不但可以增加污水中之溶氧，並且可以氧化污水中之還原物質，降低COD量。

曝氣池：曝氣池亦即好氧性之生物處理反應池，生物處理是利用微生物在含氧的情況下分解污水中複雜的有機化合物以新陳代謝作用來處理污水之方法。而生物分解過程中會消耗廢水中的溶氧，為了維持生物的生長必須經由曝氣以補充水中之溶氧量。

沉澱池：沉澱池之設置主要在於分離廢水中包括活性污泥之懸浮固體物，通常為了保持曝氣槽內之活性污泥量，皆設有迴流設備，另外，多於之污泥則抽至濃縮池處理之。

消毒池：消毒池主要功能在減少大腸菌數，避免人體致病的危險性。主要使用藥品為NaOCl。

污泥濃縮池：其功能在於濃縮沉澱池之污泥，以減污泥量增污泥濃度，以節省污泥處理成本。

5-9 設備內容及規格

一、土木部分業主自備，圖面由公司提供。

1. 攔污攔油池

材質：R.C
尺寸：$5.0m^L \times 7.0m^W \times 3.5m^H$（有效水深$3.2m^H$）
容積：$112m^3$
停留時間：2.98hrs
數量：1座

2. 調節池

材質：R.C
尺寸：$16.20m^L \times 7.0m^W \times 3.5m^H$（有效水深$3.15m^D$）
容積：$357.21m^3$
停留時間：9.52hrs

數量：1座

3. 接觸曝氣池

材質：R.C
尺寸：C1：$14.2m^L \times 7.0m^W \times 3.5m^H$（有效水深$3.2m^D$）
C2：$2.5m^L \times 7.0m^W \times 3.5m^H$（有效水深$3.2m^D$）
容積：$336m^3$
停留時間：8.96hrs
BOD體積負荷：0.54kg/day
數量：1座

4. 沉澱池

材質：R.C
尺寸：$3.65m^L \times 3.35m^W \times 3.5m^H$（有效水深$3.15m^D$）
容積：$38.52m^3$
面積負荷：$10.63m^3/m^2day$
溢流堰長度：3.35m
溢流堰負荷：$38.81m^3/mday$
數量：1座

5. 消毒池

材質：R.C
尺寸：$1.73m^L \times 3.3m^W \times 3.5m^H$（有效水深$3.10m^D$）
容積：$17.90m^3$
停留時間：198mins
數量：1座

6. 放流池

材質：R.C
尺寸：$3.65m^L \times 3.55m^W \times 2.85m^H$（有效水深$2.4m^D$）
容積：$31.1m^3$
停留時間：344.4mins
數量：1座

7. 污泥濃縮池

材質：R.C
尺寸：$1.75m^L \times 3.3m^W \times 3.5m^H$（有效水深$3.2m^D$）
數量：1座
有效容積：$18.48m^3$
污泥貯存時間：約60

8. 污泥貯存池

材質：R.C
尺寸：H：$3.65m^L \times 9.55m^W \times 2.85m^H$（有效水深$2.5m^D$）
數量：1座
有效容積：$71.82m^3$
污泥貯存時間：約110.49天

9. 污水池預留孔工程

屬污水處理廠商

10. 污水池防水工程

屬土木營建廠商

11.機房土建及門窗工程

隔音門1樘，百葉窗2樘，機具基座
屬土木營建廠商

12.放流陰井本體工程及不鏽鋼陰井蓋（內含流量計由污水廠商安裝）：屬土木營建廠商

二、機電部分

1. 攔污籃
   數量：2組
   材質：SUS304
   孔目：10mm
   尺寸：$0.4m^L \times 0.4m^W \times 0.5m^W$
2. 浮渣擋板
   數量：1組
   材質：SUS304
   尺寸：$0.8m^L \times 0.8m^W \times 2mm^t$
3. 調節池泵
   型式：沉水式不阻塞型
   馬力：1HP×220V×60HZ
   口徑：50mm
   流量：$0.12m^3/min \times 6m^H$
   數量：2部（平時交替運轉、故障時自動跳脫）
   控制方式：液位控制器-高打低停
   附件：著脫、不鏽鋼鏈條
4. 沉澱池污泥泵
   型式：沉水式不阻塞型
   馬力：1/2HP×220V×60HZ

口徑：50mm

流量：$0.02m^3/min \times 6m^H$

數量：2部（平時交替運轉、故障時自動跳脫）

附件：著脫、不鏽鋼鏈條

5. 濃縮池污泥泵

型式：沉水式不阻塞型

馬力：1/2HP×220V×60HZ

口徑：50mm

流量：$0.02m^3/min \times 6m^H$

數量：2部（平時交替運轉、故障時自動跳脫）

控制方式：液位控制器-高打低停

附件：著脫、不鏽鋼鏈條

6. 放流泵

型式：沉水式不阻塞型

馬力：3HP×220V×60HZ

口徑：80mm

流量：$0.14m^3/min \times 20m^H$

數量：2部（平時交替運轉、故障時自動跳脫）

控制方式：液位控制器-高打低停。應設緊急液位計，可同時啟動

附件：著脫、不鏽鋼鏈條

7. 消毒加氯系統

型式：氯丸式加藥

材質：桶身PVC、蓋子及底座ABS

上蓋及下座均為一體成形，無焊道及接點

加藥量：4～8mg/L

數量：1組

8. 曝氣池鼓風機

型式：魯式鼓風機

馬力：5HP×220V×60HZ×三相

口徑：65mm

風壓：3700mmAq

風量：2.17m^3/min

數量：2部（一部備用）

附件：(1) 安全閥

(2) 出入口消音器

(3) 空氣過濾器

(4) 安全閥、逆止閥、壓力計

(5) 絕緣電纜、撓性接頭

(6) 沉水馬達

9. 調整池池鼓風機

型式：魯式鼓風機

馬力：3HP×220V×60HZ×三相

風壓：3000mmAq

風量：1.92m^3/min

口徑：50mm

數量：2部（一部備用）

附件：(1) 安全閥

(2) 出入口消音器

(3) 空氣過濾器

(4) 安全閥、逆止閥、壓力計

(5) 絕緣電纜、撓性接頭

(6) 沉水馬達

10. 生物膜接觸濾材及固定架

規格：外型尺寸120cm×64cm×64cm

有效接觸面積90m^2/m^3
板厚0.2～0.3m/m
孔截面積20cm^2（±10%）
材質：耐衝擊高密度之透明PVC
數量：85組

11.粗氣泡散氣盤
規格：(1) 4/8"牙口，3/8"入氣口
(2) 直徑80m/m
(3) 高度40m/m
(4) 通氣量0.08～0.10m^3/min
材質：擴散蓋Neoprene Rubber耐酸鹼
擴散基座ABS
數量：24組

12.細氣泡散氣盤
廠牌：大陸、宏興、力霸
規格：(1) 3/4"牙口
(2) 直徑：300mm
(3) 高度：58mm
(4) 通氣量：0.1～0.28m^3/min
材質：本體部ABS塑鋼，瓣部EPDM
數量：16組

13.沉澱池內部配件（整流桶及溢流堰）
材質：不鏽鋼（SUS304）

14.污泥濃縮池內部配件（整流桶及溢流堰）
材質：不鏽鋼（SUS304）

15.沉澱池及污泥濃縮池浮渣收集器
材質：PVC

16.污泥脫水機

用途：將濃縮污泥脫水形成污泥餅，達到減量之目的

型式：雙濾帶式污泥脫水機

功能要求：

(1) 處理1%污泥量：300L/HR

(2) 處理能力：5～20kg乾重／時

(3) 水後污泥餅含水率：85%以下

設備內容：

・ 主構架：

架台以SS400結構鋼製造，並且足以承受設備本身之重量及運轉狀況下之荷重，運轉時不能產生劇烈之振動。

數量：1組

17.高分子凝集劑自動連續溶解裝置

用途：高分子凝集劑自動連續溶解，與加藥機連動，以達自動運轉之目的。

數量：1台

型式：高分子凝集劑連續溶解機

規格：

(1) 自動加料機：

①料粒供給機由兩組旋轉輪組合而成，上旋轉輪的轉動供定量之高分子粉體，下旋轉輪的構造需能當清水供給時，不致噴到體供給機內，導致凝結而堵塞。

型式：螺旋式電動可變速型，60W×380V。

②給粉能力：3kg/hr。

③高分子儲存桶：30公升。

④儲存桶反支架皆SUS304。

(2)溶解槽

①容量500公升的SUS304材質，分三槽利用攪拌、潛流及溢流，以利充分溶解。

②攪拌機0.4kg×380V。

③第三槽裝置高、中、低五段液位計。

(3)助劑加藥機

①數量：1組。

②型式：唧筒式可調整型。

③出口水量：至少1000cc.min。

④材質：所有與藥液接觸部分須為防蝕材質。

18.污泥螺旋泵

型式：單軸螺旋迴轉式

規格及性能：

(1)流量：$0.3m^3/hr$

(2)吐出水頭：2bar

(3)泵浦最大轉速：350rpm

(4)馬達最大馬力數：2HP

(5)泵送液體濃度：最大4%

(6)變速要求：無段變速

(7)驅動連結：皮帶輪

數量：2組

19.流量計

型式：乾式螺旋型

口徑：80mm

20.氣密式人孔蓋

材質：鑄鐵

數量：60cm×60cm = 8組

70cm×70cm = 4組

45cmϕ = 1組

21.放流口告示牌

材質：SUS304

尺寸：不得小於32cm^{L}×15cm^{W}，內容文字需合乎環保法令規定

數量：2組

22.pH指示器

23.溶氧指示器

24.預留套管工程

25.現場配管及凡而

鼓風機配管：全部GIP管

PVC管：採南亞或同級品

26.現場配電、配電盤、控制設施

(1)本工程所有設備之馬達為東元產品、電纜線為太平洋產品、無熔絲開關及電磁閥開關為士林產品。

(2)配電盤為屋內型配電盤。

27.吊運、按裝、試車

28.菌種及污泥馴養

29.水污染許可申請

30.使照送審

31.管理費、雜費

· 附屬工程

① 廢氣收集工程：高雄市政府規定污水池均需一根透氣管通至屋頂，且在屋頂須有強制通風設備（屬水電工程）

② 噪音防治工程

A.防震處理工程

B.吸音處理工程

C.隔音處理工程

註：業主提供試車用水電及試車用藥，一次配電、一次配管。

設計、承建、操作維護廠商：大陸水工股份有限公司

工地主任：陳健在、詹富盛

chapter 6

造紙廢水處理

※實廠案例——克明紙廠廢水處理廠

6-1 設計基準

1. 廠址：雲林縣崙背鄉草湖村95之2號
2. 廢水種類：造紙廢水
3. 設計水量：20000CMD（24小時連續運轉）
4. 原水水質：24小時連續運轉生產

   COD = 550mg/L

   BOD = 230mg/L

   SS = 1800mg/L

   pH = 6～9
5. 處理後水質：

   COD = 200mg/L

   BOD = 50mg/L

   SS = 50mg/L

   pH = 6～9

   透視度＝15cm以上

   （保證符合民國82～87年國家廢水排放標準）
6. 處理方式說明：

   此污水場先行化學處理後，再經生物處理，為二級污水處理廠，生物處理方式以固定床為主，傳統活性污泥為輔，化學處理方式以加壓浮除方式處理。

6-2 處理流程

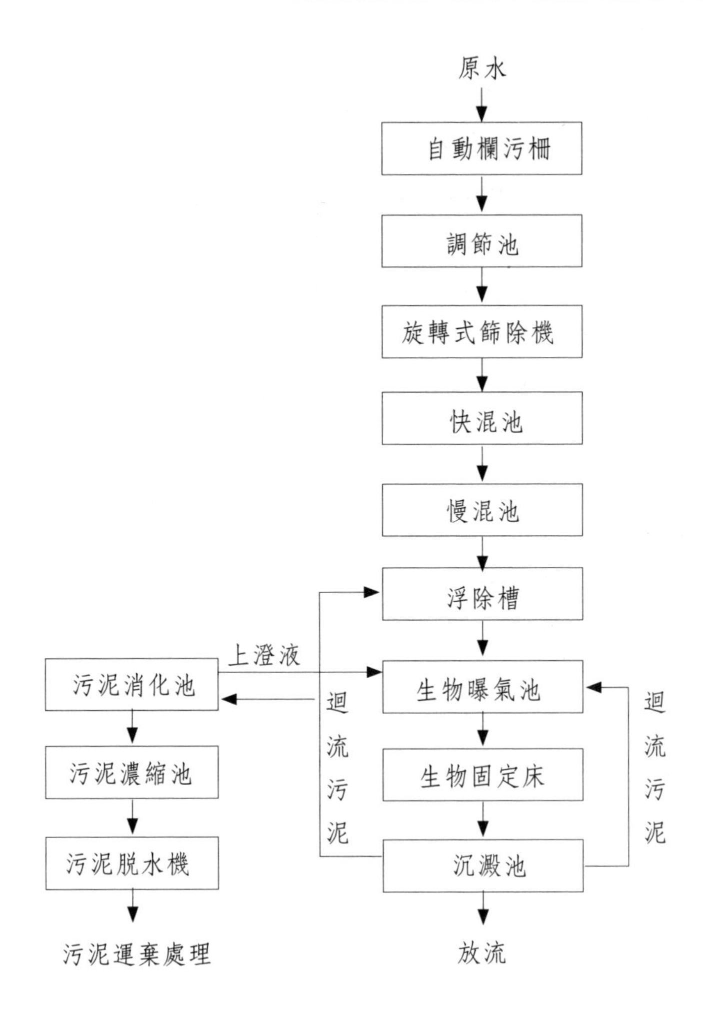
原水
自動攔污柵
調節池
旋轉式篩除機
快混池
慢混池
浮除槽
上澄液
污泥消化池
生物曝氣池
迴流污泥
迴流污泥
污泥濃縮池
生物固定床
污泥脫水機
沉澱池
污泥運棄處理
放流

6-3 原理說明

欄污柵：欄污柵通常都被用來做為廢水處理的第一單元。主要目的在阻去紙類、塑膠金屬等較大物質，而這些物質如果不清除，則可能損害泵浦、污泥去除設備、堰閥管線等其他附屬設備，而造成一系列操作和維護上之問題。

篩除機：主要為篩除殘存之較細質的雜物，避免設備受損。

調節池：調節池之設備其主要功用在於調節水質、處理水量、降低水溫、充分混合、穩定化學處理之加藥量。

快混池：在於快混池內加入適當之混凝劑，加以快速之混合攪拌，可使廢水中溶解性之有機物質變成非溶解性之顆粒以利沉澱去除。

慢速池：在於慢混池內加入適當之助凝劑，加以慢速之混合攪拌可使廢水中原先在快混池形成之顆粒聚集變大，而由於體積、密度之變大，易於沉澱去除。

浮除槽：浮除槽之原理是利用加壓使空氣住入液體之中，而後瞬間解除壓力，使所產生之微小氣泡附著在污泥粒子上，並使其浮力足以達到使污泥粒子足以達到使污泥粒子上升到水面以分離液體中之固體物成液狀粒子。

曝氣池：曝氣池亦即好氧性之生物處理反應池，生物處理系列用微生物在含氧的情況下分解廢水中複雜的有機化合物，以其新陳代謝來處理廢水之方法。而生物分解過程中會消耗廢水中的溶氧，為了維持生物的生長，必須經由池中所設之曝氣設備，以補充水中之溶氧量。

沉澱池：目地在沉澱廢水中已混合穩定沉降之污泥，達到固、液（澄清液）分離，使水質清澈的目的。

污泥濃縮池：其功能在濃縮生化處理之大量污泥以減少脫水機之負荷，以利脫水機脫水之功能。

脫水機：目的在於減少污泥的水分，以易於作最終處理。

pH自動控制器：廢水行中和處理時，如能正確控制所須之中和劑量，不但可使反應在最適宜條件下，提高處理效率，且較為經濟，此乃，pH自動控制調節器之主要功能。

6-4 設備內容規格

一、土木部分

1. 調節池
   停留時間：1.2hrs
   尺寸：$20m^L \times 20m^W \times 3m^H$
   體積：$1200m^3$
   材質：RC（經特殊耐酸鹼處理）
   數量：1座
2. 快混池
   停留時間：4min
   尺寸：$5m^L \times 5m^W \times 3m^H$
   體積：$75m^3$
   材質：RC（經特殊耐酸鹼處理）
   數量：1座
3. 慢混池
   停留時間：10min
   尺寸：$8m^L \times 8m^W \times 3m^H$
   體積：$192m^3$

材質：RC（經特殊耐酸鹼處理）
數量：1座

4. 去除槽
停留時間：30min
尺寸：$32m^L \times 8m^W \times 2m^H$
體積：$512m^3$
材質：RC（經特殊耐酸鹼處理）
數量：1座

5. 放流池
停留時間：8sec
尺寸：$5m^L \times 5m^W \times 5m^H$
體積：$50m^3$
材質：RC（經特殊耐酸鹼處理）
數量：1座

6. 污泥消化池
停留時間：7.5hrs
尺寸：$17m^L \times 17m^W \times 5m^H$
體積：$1445m^3$
材質：RC（經特殊耐酸鹼處理）
數量：1座

7. 生物固定床
停留時間：6hrs
尺寸：$18.3m^L \times 18.3m^W \times 5m^H$
體積：$5000m^3$
材質：RC（經特殊耐酸鹼處理）
數量：3座

8. 沉澱池
停留時間：1.5hrs

尺寸：22m ϕ ×3.5m^H

體積：1330m^3

數量：1座

9. 污泥濃縮池

停留時間：1.2hrs

尺寸：8m ϕ ×3.5m

體積：176m^3

數量：1座

10. 集水、排水溝及機械基座

11. 抽水及安全措施（地下）水位高

12. 現場整地打P.C

二、機電部分

1. 自動欄污柵（Bar Screens）

目的：20m/m

處理量：1000m^3/hr

材質：主體SUS304

數量：2組

2. 自動欄污柵

處理量：1000m^3/hr

馬力：1/2HP

材質：主體SUS304

數量：2組

3. 污水原水泵浦（開放式葉片）

馬力：30HP×440V×60HZ

特性：50m^3/hr×8m^H

數量：3座

4. 加壓泵浦：

   馬力：50HP×440V×60HZ

   特性：200m^3/hr×40m^H

   數量：1座

5. 污泥氣昇泵浦：

   3"φ×2部

   動力為鼓風機AIR

   廠牌：大陸

6. 污泥脫水機器：

   附件如下：

   (1)VF-10雙濾帶脫水機，處理量90kg D.S./hr以上污泥餅含水率72～84%（詳如型錄）

   (2)污泥脫水設備操作控制盤

   (3)濾布清洗泵：2HP

   (4)空氣壓縮機：1/2HP

   (5)定量泵：12L/min

   (6)藥液桶：3m^3

   (7)攪拌機：2HP

   (8)藥液輸送泵：1/2HP

   (9)污泥單軸螺旋泵：7.5m^3/hr（附變減速機）

   (10)污泥調理反應槽

   (11)攪拌機：1/4HP

   (12)配管材料及周邊設備按裝

   數量：1組

7. 污泥漏斗：

   型式：全自動漏斗型

   容量：4m^3

   數量：1座

8. 脫水機房：
   尺寸：$5m^L \times 3m^W \times 6m^H$
   數量：1座
9. pH調整控制器：
   廠牌：日本KRK（或同級品）
   特性：可上、下限設定控制
   附件：主機Sensor
   數量：1部
10. 空氣壓縮機：
   廠牌：寶馬，復盛
   馬力：5HP×220V×60HZ
   數量：1部
11. 刮泥機（I）
   廠牌：大陸
   馬力：1HP
   尺寸：$22m\phi \times 3.5m^H$
   材質：SS41焊製，噴砂後三道Epoxy coating
   配件：(1)走道橋及欄杆
   (2)進水整流箱子
   (3)旋轉中心軸
   (4)刮泥臂架
   (5)刮泥撇鈑
   (6)撇渣板及漏斗
   (7)浮渣擋鈑
   (8)出水堰鈑
   (9)驅動組合
   數量：1組

12.浮除槽刮泥機：

尺寸：$32m^{L} \times 3.5m^{H}$

馬力：2HP×220V×60HZ

數量：1組

13.刮泥機（II）

尺寸：$8m\phi \times 3.5m^{H}$

材質：SS41焊製，噴砂後三道Epoxy coating

配件：(1)走道橋及欄杆

(2)進水整流箱

(3)旋轉中心軸

(4)刮泥臂架

(5)刮泥撇鈑

(6)撇渣板及漏斗

(7)浮渣擋鈑

(8)出水堰鈑

(9)驅動組合

數量：1組

14.鼓風機

(1)性能保證：可連續運轉20000hrs

(2)馬力：120HP×440V×60HZ

(3)風壓：5500mmAq

(4)風量：$72m^{3}/min$

(5)數量：1部

15.鼓風機房

16.鼓風機配管及曝氣頭

17.生物固定床及固定支架

數量：$860m^{3}$

18.菌種及微生物馴養

19.走道平台及欄杆

20.消泡網及固定支架

21.定量加藥機：

　　型式：日製定量泵浦

　　加藥量：1～10L/min

　　數量：3只

22.貯藥桶

　　材質：PE

　　容量：6000L

　　數量：3只

23.流量計

　　型式：積算式

　　尺寸：10 ϕ

　　數量：2只

24.現場配管及凡而

25.現場配電及配電盤

26.吊運、按裝、試車

27.管理費及雜費

設計、承建廠商：大陸水工股份有限公司

工地主任：張志明

chapter 7

染整廢水處理

※實廠案例——菁華工業股份有限公司廢水處理廠

7-1 設計基準

1. 廠址：桃園縣大園鄉民權路11號
2. 設計水量：3000CMD（操作時間：24hrs）
3. 原水水質
   pH：8～10
   SS：300mg/L
   BOD：300mg/L
   COD：1000mg/L
   水溫：50℃
4. 處理後水質
   pH：6～9
   SS：30mg/L以下
   BOD：30mg/L以下
   COD：140mg/L以下
   水溫：35℃以下

7-2 處理流程

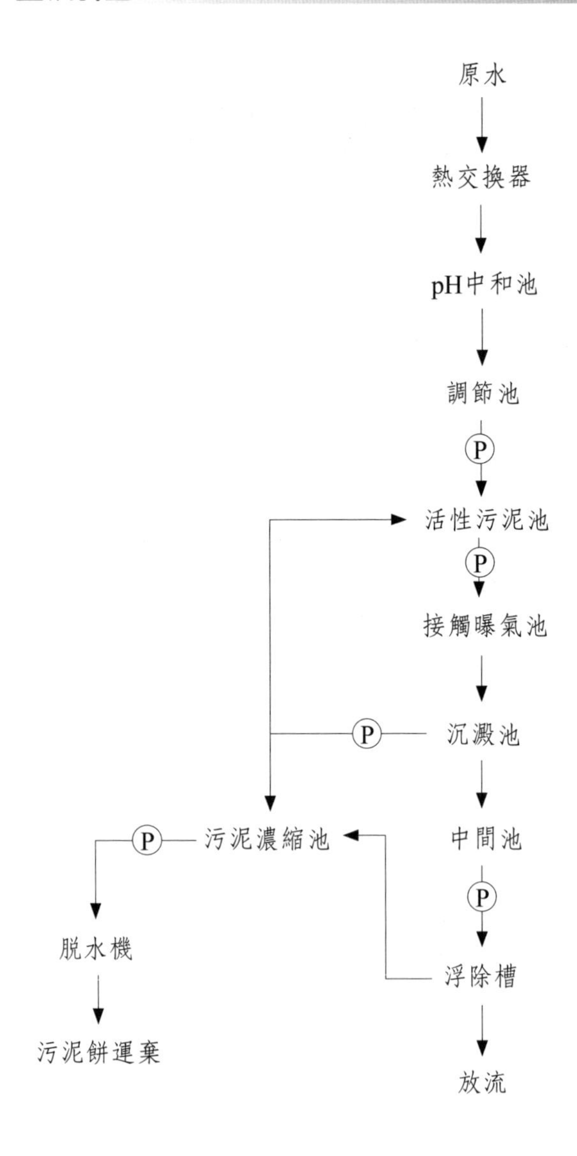
原水
熱交換器
pH中和池
調節池
P
活性污泥池
P
接觸曝氣池
沉澱池
P
中間池
P
浮除槽
放流
污泥濃縮池
P
脫水機
污泥餅運棄

7-3 處理原理說明

熱交換器：熱的廢水與冷的地下水接觸，可回收熱能及降低廢水水溫。

pH中和池：由於各種工業廢水一般均具酸、鹼性而此酸、鹼性之廢水非但影響河川水質，且對於廢水生物處理時之處理效果影響著鉅，因此須加以中和以去除其酸、鹼性。中和處理之目的即在於利用各種化學藥劑（中和劑）使與此等酸、鹼性之廢水起中和反應，調整pH值於適宜生物存活及生長之範圍內。

pH自動控制器：廢水行pH中和處理時，如能正確控制所需之pH值，不但可使反應在最適宜條件下，提高處理效率，且較為經濟，並不至影響後段生物處理效果，此乃pH自動控制調節器之主要功能。

調節池：工業廢水之水質、水量常因製程、時間之改變而產生極大之變化，如果以調節池予以適當之調勻，不但可以由廢水本身的酸鹼中和，減少並穩定酸、鹼的用量，更可以穩定水質、水量以利於後續之生物處理或化學處理之加藥量。通常調節池均設有曝氣裝置，不但可以增加廢水中之溶氧，並且可以氧化廢水中之還原物質，降低COD量。

活性污泥池、接觸曝氣池：固定床式生物膜接觸氧化法，又名剩餘污泥完全氧化裝置（Totol Oxidation）原理為利用好氧菌、嫌氧菌、厭氧菌共存形成的生態平衡系統，老化污泥屍體亦為有機物，會相互氧化分解，整個系統只有微量砂土等無機物，形成極少量之污泥。

沉澱池：將生物處理後水中之SS在此沉澱，以減少排放水之SS增加水質之清澈度。

浮除槽：利用溶解空氣浮除原理揪流體中固液分離，加壓浮除係以處理水的一部分加壓至3～5kg/cm^2，在管線中灌入空氣，達飽和後，被加壓之氣液混合體於浮除槽中減壓至大氣壓力之同時與廢水混合，由於減壓呈過飽和的空氣形成50～100μ之微細氣泡與懸浮固體相接觸，隨著氣泡的上浮將懸浮固體上浮至浮除槽表面，在於以刮除之。

污泥濃縮池：將沉澱池沉澱之污泥及浮除槽之浮渣排至污泥濃縮池再度濃縮以增加污泥之濃度，以利污泥脫水機脫水。

迴流污泥：本系統系採活性污泥法合併生物固定床法進行處理，其中迴流污泥量則使用比例堰流量計進行控制，務使活性污泥池內污泥之MLVSS濃度達1500～2000mg/L左右，污泥齡則維持在10～15天，以利整個生物系統穩定且達最佳處理效能。

污泥脫水機：污泥脫水機（污泥乾燥床）設置之目的在於使濃縮處理後，之污泥達到減量化、安定化，以易於做最終之處置。

7-4 設備內容及規格

一、土木部分

1. pH中和池（建議：FRP內襯，耐酸鹼）

   材質：RC
   尺寸：4.75m^L×2m^W×5m^D×5.7m^H
   數量：1座
   有效容積：47m^3
   停留時間：22mins以上

2. 調節池（利用現有）

材質：RC

尺寸：(1) $17.2m^L \times 5m^W \times 5m^D \times 5.7m^H$

(2) $17.2m^L \times 4.2m^W \times 5m^D \times 5.7m^H$

(3) $17.2m^L \times 5.8m^W \times 5m^D \times 5.7m^H$

數量：3座

有效容積：$1290m^3$

停留時間：10hrs以上

3. 活性污泥池（利用現有）

材質：RC

尺寸：(1) $25m^L \times 5.75m^W \times 2.5m^D \times 3m^H$

(2) $25m^L \times 5.7m^W \times 2.5m^D \times 3m^H$

(3) $25m^L \times 5.75m^W \times 2.5m^D \times 3m^H$

數量：共3座

有效容積：$1074m^3$

停留時間：8.6hrs

4. 接觸曝氣池（利用現有）

材質：RC

尺寸：(1)$18.7m^L \times 7.9m^W \times 3m^D \times 3.7m^H$

(2)$24m^L \times 3.7m^W \times 4m^D \times 5m^H$

(3)$24m^L \times 3.3m^W \times 4m^D \times 5m^H$

(4)$24m^L \times 4.2m^W \times 4m^D \times 5m^H$

數量：共4座

有效容積：$1518m^3$

停留時間：12hrs以上

5. 沉澱池（利用現有）

材質：RC
尺寸：$7.8m^L \times 6.4m^W \times 4m^D \times 5m^H$
數量：1座
容積：$200m^3$
停留時間：1.6hrs

6. 中間池（利用現有）

材質：RC
尺寸：$3.7m^L \times 2.9m^W \times 4m^D \times 5m^H$
容積：$43m^3$
數量：1座
停留時間：20mins以上

7. 浮除槽

處理量：$150CM^H$
尺寸：$6100mm\phi \times 950mm^H \times 650mm^D$
材質：SS41

8. 放流池（利用現有）

材質：RC
尺寸：$3.7m^L \times 1.5m^W \times 4m^D \times 5m^H$
容積：$22m^3$
數量：1座

9. PVA廢水貯池（利用現有）

材質：RC

尺寸：$7.9m^{L}\times 5m^{W}\times 3m^{D}\times 3.7m^{H}$
容積：$118.5m^{3}$
數量：1座

10.污泥濃縮池（利用現有）

材質：RC
尺寸：$4.7m^{L}\times 4.6m^{W}\times 3m^{D}\times 3.7m^{H}$
容積：$65m^{3}$
數量：1座

11.脫水機房／接觸曝氣鼓風機房（利用現有）

材質：RC
數量：各1座

二、機電部分

1. pH指示控制器
   廠牌：SUNTEX
   測定範圍：0～14pH
   精確度：0.1pH
   傳送出力：DC -5～+5mV
   電源：AC 100V±10%
   控制接點：上限、下限兩點式
   周圍溫度：0～40℃
   附件：(1)複合式電極、溫度補償電極、電極支持裝置。
   　　　(2)特殊電極用之電纜線。
   數量：2部
2. 調節泵／輸送泵
   型式：沉水式不阻塞型泵浦

馬力：15HP×380V×60HZ

特性：$3m^3$/min×$12m^H$

數量：4部（交替運轉）

3. 調節池／活性污泥池鼓風機（業主自購）

馬力：20HP×380V×60HZ

風壓：5000mmAq/2500mmAq

風量：$10m^3$/min以上

數量：3部（1台備用）

4. 接觸曝氣池鼓風機（業主自購）

馬力：20HP×380V×60HZ

風壓：4000mmAq

風量：$11m^3$/min以上

數量：2部（交替運轉）

5. 生物固定床接觸濾材

材質：

有效接觸面積：$100m^2/m^3$

濾材數量：$774m^3$

特點：(1)不脫落、耐酸鹼，不腐蝕。

(2)比表面積大，處理效率高。

(3)機械性強度夠、不變形不彎曲。

6. 生物接觸濾材固定架

規格：(1)$18m^L$×$7.5m^W$×$2m^H$

(2)$24m^L$×$3.5m^W$×$2m^H$

(3)$24m^L$×$3m^W$×$2m^H$

(4)$24m^L$×$4m^W$×$2m^H$

材質：SUS304

數量：4座

7. 粗氣泡散氣盤

規格：4/8"牙口、3/8"入氣口

直徑：80m/m

高度：40m/m

通氣座：0.08～0.10m^3/min

數量：90個

8. 細氣泡散氣盤

規格：3/4"牙口

直徑：225m/m

通氣量：0.02～0.12m^3/min

數量：200個

9. 沉澱池溢流堰整流桶

材質：SUS304

數量：1組

10.沉澱池傾斜管（含SUS304支撐架）

材質：ABS（520mm^H）

數量：50m^2

11.沉澱池污泥泵

材質：FC20

水量：0.6m^3/min

馬力：3HP×8m^H×3ϕ×380V×60HZ

數量：2台（兩台交替運轉）

附著脫

12.攪拌器

數量：1支

13.污泥濃縮池溢流堰整流桶

材質：SUS304

數量：1組

14.中間泵

型式：沉水式泵

馬力：15HP×380V×60HZ

特性：$3m^3$/min×$12m^H$

數量：2台（交替運轉）

15.浮渣擋板

材質：SUS304

數量：1組

16.浮除槽

處理量：150CMH

尺寸：6100mm ϕ ×$950mm^H$×$650mm^D$

材質：SS41

數量：1組

週邊驅動機：1HP×1台

浮渣刮渣機：2HP×1台

溶解加壓槽：1200mm ϕ ×$1525mm^H$

加壓泵浦：20HP×1台

17.污泥脫水機

(1)污泥脫水機本體

型式：Belt Press Type（雙濾布）

處理能量：$2m^3$/hr或15～24(kg/hr) of Dry Sludge Cake

濾布寬度：1000mm

機械尺寸：$2100mm^L$×$1700mm^W$×$1600mm^H$

污泥餅含水率：80～83%

數量：1台

本體附件：①無段變速驅動馬達（1部）

②蛇形調整器裝置

③鼓風機（1HP）
④清洗泵浦（1HP）
⑤氣液分離桶（PAC）
⑥濾布（PP或不織布）
⑦控制箱
⑧滾輪裝置（SUS304）

(2)其他附件

①反應槽及攪拌機
攪拌機馬力：1/4HP×380V×60HZ
反應槽材質：SUS304
數量：1組

②定量加藥泵
馬力：1/4HP×380V×60HZ
加藥量：0～1000mL/min
壓力：10kg/cm^2
數量：1台

18.污泥漏斗（含氣壓式開關）
容量：2m^3
材質：SS41
數量：1組

19.污泥輸送泵浦
馬力：1/2HP×380V×60HZ
水量：0.06m^3/min
數量：2台

20.加藥機

(1)加藥量：200～2000cc/min
數量：4台（1台備用）

(2)加藥量：150～1500cc/min

數量：2部（交替運轉）

21.加藥桶

廠牌：大鋒或同級品

PE製×5000L×5只

22.泡藥攪拌機

數量：2台

23.接觸曝氣鼓風機房防音工程

(1)進出口吸音箱各乙組

(2)雙開式出入隔音門乙座

(3)機房內牆吸音材質

24.廢氣洗滌塔

材質：PP

馬力：ϕ960×4200mm^{H}

風機：60CMM×130mmAq×5HP

數量：1組

25.吊運、按裝、試車

26.現場配電及配電盤

(1)本工程之設備包括馬達、電纜線、無熔絲開關及電磁閥開關。

(2)配電盤為屋外型配電盤。

(3)電線：太平洋或華新麗華。

(4)NFB及電磁開關：士林。

27.現場配管及凡而

管線：PVC（南亞）及GIP材質（美亞、遠東）

凡而：PVC製或銅製材質

28.菌種及微生物馴養

29.管理費及雜費

30.水措及排放許可申請

31.用水工程專業咨詢免費服務

設計單位：大展環境工程技師事務所

承建、操作維護廠商：大陸水工股份有限公司

工地主任：蕭承達

chapter 8

半導體業廢水處理

※實廠案例——欣偉科技新廠廢水處理工程

8-1 前言

欣偉科技公司專門從事電腦主機板晶片回收，目前廠內為配合政府之環境保護政策，防治污染，擬設完善之廢水處理設施，處理後放流水水質可穩定地達87年標準。

8-2 計算基準

1. 設計水量：

   酸系廢水：24 CMD（pH 1～2）
   鹼系廢水：6 CMD（pH 14）

2. 設計水質

   酸系廢水：含Fe, Ni, Cu等金屬
   鹼系廢水：氰化物需先行前處理完畢

3. 處理水質：（符合大園工業區污水處理場接管標準）

   COD：600mg/L以下
   SS：300mg/L以下
   pH：6～9

8-3 業主提供設施

1. 電源：（一次配電）
   動力電源　380V　三相　60HZ
   照明電源　220V　單相　60HZ
2. 化學藥品：試車用藥：PAC、polymer

8-4 處理流程

1. 處理方式：該廠新建廢水處理設施，為有效處理酸系及鹼系廢水，採用化學處理，以使處理後之水質可達大園工業區污水廠接管標準。
2. 處理流程

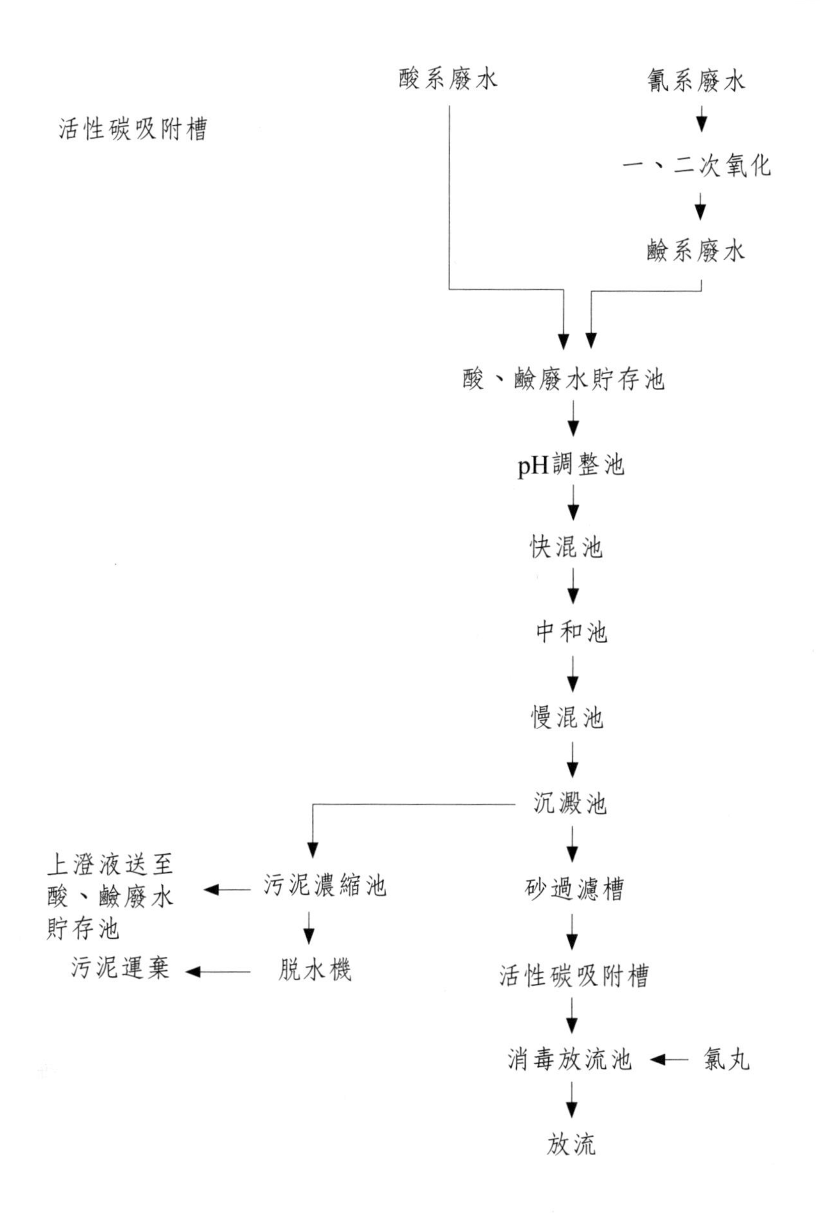

活性碳吸附槽
酸系廢水
氰系廢水
一、二次氧化
鹼系廢水
酸、鹼廢水貯存池
pH調整池
快混池
中和池
慢混池
沉澱池
污泥濃縮池
上澄液送至
酸、鹼廢水
貯存池
脫水機
污泥運棄
砂過濾槽
活性碳吸附槽
消毒放流池
氯丸
放流

8-5 處理程序簡介

此規劃書乃根據欣偉科技公司廠內主要廢水來源包括酸系與鹼系廢水；酸系廢水中主要含Fe，Ni，Cu等金屬離子，設計水量約為24公噸。鹼系廢水則含有氰化物，廢水量亦約為6公噸，此二系統之廢水是主要的廢水來源。

此規劃書之污水處理程序係將製程所產生之氰系廢水先行前處理後再與酸系廢水收集至廢水貯池混合之。再經泵浦定量調整其pH級化學混凝、助凝處理。其後流至沉澱池進行固、液分離，為了使處理水質符合放流水標準，故上澄液再經高級處理之砂濾，活性碳吸附等過程後再予以消毒排放；固體部分則送至污泥濃縮槽，並以污泥脫水機脫水，污泥餅委託清理業托運，分離液則送回廢水貯槽。

8-6 單元功能說明

1. 氰系廢水前處理：氰系排水系採用在鹼性條件下，以次氯酸鈉為氧化劑之氧化處理方式。在鹼性條件下，次氯酸鈉依兩個階段以氧化分解氰化物。第一階段係先將CN^-氧化成為CNO^-；第二階段再將CNO^-氧化分解成為無害之N_2與CO_2。
2. 酸、鹼廢水貯存池：污水之水質、水量常因製程、時間之改變而產生極大之變化，如果以調節池予以適當之調勻，不但可以由廢水本身的酸鹼中和，減少並穩定酸、鹼的用量，更可以穩定水質、水量以利於後續化學處理加藥量之節省。

3. pH調整池：調節控制廢水之pH值至後續化學混凝處理之最適值。
4. 快混池：以多元氯化鋁（PAC為混凝劑），經攪拌形成微細膠羽。
5. 慢混槽：將已形成之微細膠羽藉緩慢攪拌，碰撞凝聚成較大之膠羽使利於其後之過濾。
6. 沉澱池：將混凝處理後水中之SS在此沉澱，以減少排放水之SS增加水質之清澈度。
7. 中和池：調整pH至中性，以符合放流水之標準。
8. 污泥濃縮池：再次濃縮沉澱後之污泥，以利污泥脫水之進行。
9. 砂濾槽。
10. 活性碳吸附槽。

8-7 主要設備內容及規格

一、土木槽體部分（業主負責）

1. 氰系廢水前處理

(1) 一次氧化池

尺寸：$0.75m^{L}\times1.9m^{W}\times1.3m^{H}/1.1m^{D}$

設計容積：$1.5m^3$

停留時間：10mins

結構：R.C

數量：1座

(2)二次氧化池

尺寸：$0.75m^L \times 1.9m^W \times 1.3m^H/1.1m^D$

設計容積：$1.5m^3$

停留時間：10mins

結構：R.C

數量：1座

2. 酸、鹼廢水貯存池

尺寸：$3.3m^L \times 3.9m^W \times 1.3m^H/1.1m^D$

設計容積：$14.1m^3$

停留時間：11hrs以上

結構：筏基式R.C（內襯FRP塗裝）

數量：1座

3. pH調整池

尺寸：$1.6m^L \times 1.0m^W \times 1.3m^H/1.1m^D$

設計容積：$1.76m^3$

停留時間：15mins以上

結構：筏基式R.C（內襯FRP塗裝）

數量：1座

4. 快混池

尺寸：$0.65m^L \times 0.8m^W \times 1.3m^H/1.0m^D$

設計容積：$0.52m^3$

停留時間：5mins

結構：R.C（內襯FRP塗裝）

數量：1座

5. 中和池

尺寸：$0.85m^L \times 0.8m^W \times 1.3m^H/0.9m^D$
設計容積：$0.62m^3$
停留時間：5mins
結構：R.C（內襯FRP塗裝）
數量：1座

6. 慢混池

尺寸：$0.85m^L \times 1.9m^W \times 1.3m^H/0.8m^D$
設計容積：$1.29m^3$
停留時間：10mins
結構：R.C（內襯FRP塗裝）
數量：1座

7. 沉澱池

尺寸：$2.5m^L \times 1.9m^W \times 2.8m^H/2.5m^D$
設計停留時間：2hrs
結構：筏基式R.C
數量：1座

8. 污泥濃縮池

尺寸：$1.4m^L \times 1.9m^W \times 2.8m^H/2.4m^D$
設計容積：$4.92m^3$
結構：筏基式R.C
數量：1座

9. 砂濾槽

尺寸：1160m/m ϕ ×1220m/m^{H}×4.5t
材質：SUS304
數量：1座

10.活性碳吸附槽

尺寸：500m/m ϕ ×1525m/m^{H}×3.2t
材質：SUS304
數量：1座

11.放流池

尺寸：1.5m^{L}×2.95m^{W}×1.8m^{H}/1.4m^{D}
設計容積：6.1m^{3}
結構：R.C
數量：1座

12.人孔及安裝

尺寸：65cm^{L}×65cm^{W}
材質：F.C
數量：12只

二、機電、設備部分

1. 氰系廢水前處理攪拌機
型式：直立螺旋槳攪拌機
規格：1/2HP×120rpm, 3 ϕ /220V/60HZ
數量：2組

2. 氰系廢水及酸、鹼廢水抽水泵
   材質：耐酸鹼
   馬力：0.5HP×82L/min×12m^{H}，3φ/220V/60HZ
   數量：6台
3. 液位計
   數量：1只
4. pH調整池攪拌機
   型式：直立式螺旋槳攪拌機
   規格：1/2HP×120rpm，3φ/220V/60HZ
   數量：1組
5. 藥品定量加藥機
   （含氰系廢水一、二次氧化池、pH調整池、中和、快混、慢混池及脫水機調理槽等，酸、鹼液、polymer之添加泵浦）
   型式：隔膜式
   規格：0.25～0.3L/min，0.09KW/3φ/220V/60HZ
   數量：12台
6. pH指示控制器
   型式：pH 0～14LCD顯示
   規格：3φ/220V/60HZ
   數量：4台
7. 快混池攪拌機
   型式：直立式螺旋槳攪拌機
   規格：1/2HP×200rpm，3φ/220V/60HZ
   數量：1組
8. 中和池攪拌機
   型式：直立式螺旋槳攪拌機
   規格：1/2HP×120rpm，3φ/220V/60HZ

數量：1組

9. 慢混池攪拌機

型式：直立式螺旋槳攪拌機

規格：1/2HP×20rpm，3 ϕ/220V/60HZ

數量：1組

10. 助凝劑藥槽攪拌機

型式：直立式螺旋槳攪拌機

規格：1/2HP×120rpm，3 ϕ/220V/60HZ

數量：1組

11. 沉澱池、污泥濃縮池溢流堰整流桶

材質：SUS304

數量：2組

12. 沉澱池及污泥濃縮池污泥泵（送至污泥貯槽）

型式：沉水式

馬力：0.5HP×100L/min×8mH，3 ϕ/220V/60HZ

數量：4台

13. 砂過濾及活性碳過濾泵

型式：沉水式

馬力：5HP×140L/min×30mH，3 ϕ/220V/60HZ

數量：2台

14. 放流池泵

馬力：1HP×160L/min×8mH，3 ϕ/220V/60HZ

數量：2台

15. 家庭式污泥脫水機

處理能力：0.5CMH

材質：FRP塑鋼

數量：1台

16.PAC藥槽

設計容積：$1m^3$

結構：PE

數量：1座

17.H_2SO_4藥槽

設計容積：$1m^3$

結構：PE

數量：1座

18.NaOH藥槽

設計容積：$1m^3$

結構：PE

數量：2座

19.助凝劑藥槽

設計容積：$1m^3$

結構：FRP

數量：1座

20.NaOCl氯錠加藥槽

型式：可調式PVC耐酸鹼釋出型

容量：5～10L

數量：2組

21.現場配電及配電盤

22.現場配管及凡而

23.管理費、雜費

24.文書作業、送審、技師簽證費

承建廠商：大陸水工股份有限公司

工地主任：蕭承達

chapter 9

屠宰業廢水處理

※實廠案例——宜蘭肉品市場廢水處理廠

9-1 設計基準

1. 設計水量：1000CMD
2. 原水水質：廢水中大多為溶解性有機物，水質如下：

   pH：6～9

   COD：1400mg/L

   BOD_5：450mg/L

   SS：400mg/L

   油脂：50mg/L

   真色色度：550mg/L
3. 處理後水質：本污水處理廠採生物處理，處理後水質可達92年放流水標準。

   pH：6～9

   COD：<150mg/L

   BOD：<80mg/L

   SS：<80mg/L

   油脂：<10mg/L

   真色色度：<550mg/L

9-2 處理流程

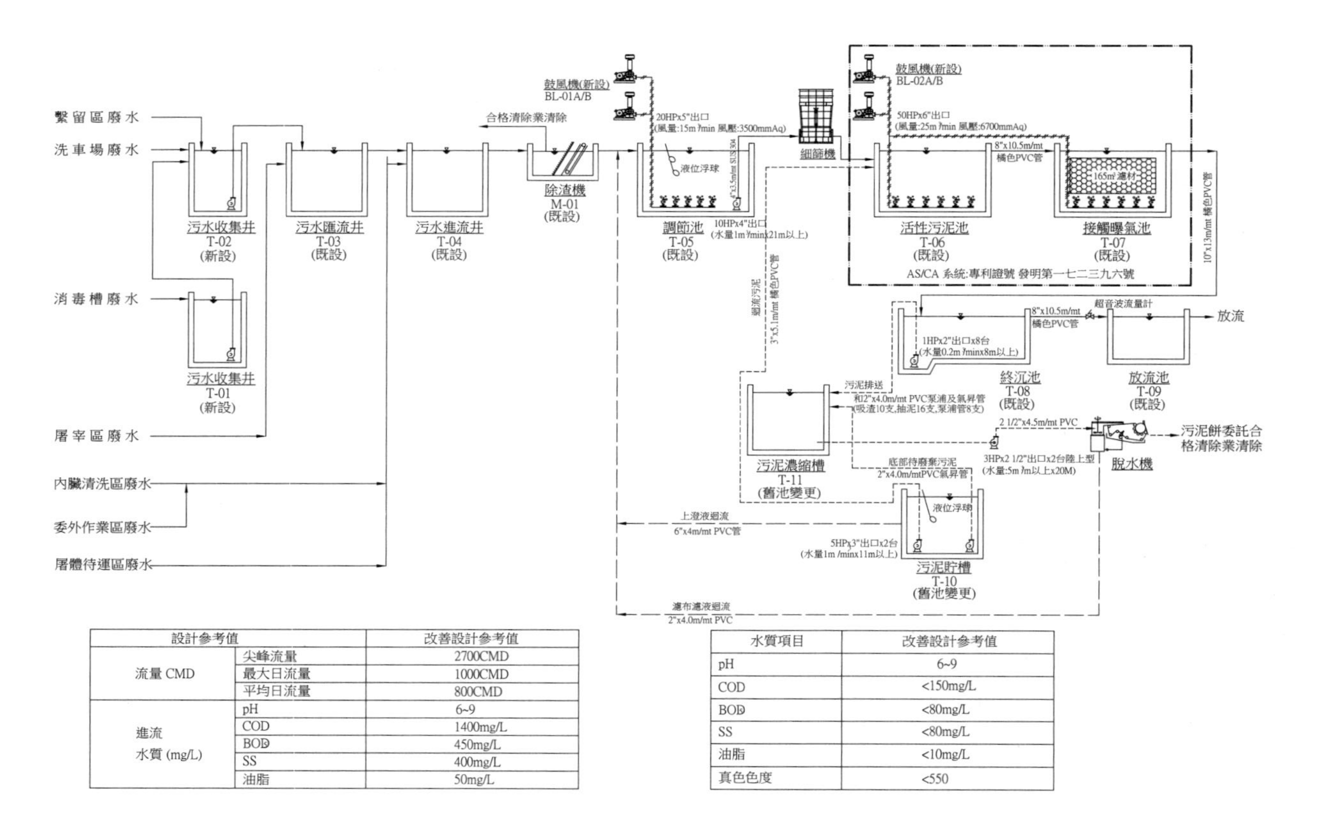

設計參考值		改善設計參考值
流量 CMD	尖峰流量	2700CMD
	最大日流量	1000CMD
	平均日流量	800CMD
進流水質 (mg/L)	pH	6~9
	COD	1400mg/L
	BOD	450mg/L
	SS	400mg/L
	油脂	50mg/L

水質項目	改善設計參考值
pH	6~9
COD	<150mg/L
BOD	<80mg/L
SS	<80mg/L
油脂	<10mg/L
真色色度	<550

9-3 各單元功能計算

1. 除渣機

   處理量：100CMH>本案污水量42CMH
   規格：篩細孔目1cm以馬達1HP
   材質：SUS304

2. 調整池

   處理量：1044CMD
   池體尺寸：$17m^L \times 8m^W \times 3m^H \times 2.7m^D$
   有效容積：$367.2m^3$
   停留時間：8.4hrs > 8hrs
   攪拌曝氣量：$0.05m^3/m^3.min \times 367.2m^3 = 18.36m^3/min$
   粗散氣盤：$18.36m^3/min \div 0.1m^3/min = 183.6$個
   採184個散氣盤

3. 活性污泥池

   處理量：1057CMD
   池體體積：$\phi 11.6m^L \times 6m^H \times 5.7m^D$
   有效容積：$602m^3$
   停留時間：13.6hrs
   需氧量：$U = a' \times Y' + b' \times Z' = 0.5 \times 218 + 0.24 \times 2408$
   $= 687kg/day$
   $Q = U \div 0.23 \div$ 空氣密度 $\div$ 氧吸收效率
   $= 687 \div 0.23 \div 1.29 \div 0.22$
   $= 10524m^3/day = 7.31m^3/min$

· 細散氣盤：

設計每個細散氣盤出氣量：$0.15m^3/min$

本案採$7.31m^3/min \div 0.15m^3/min \times 1.1$（安全係數）= 54個

鼓風機出氣量：$8m^3/min$以上，風壓6000mmAq

4. 接觸曝氣池

處理量：1057CMD

池體體積：$11m^L \times 7m^W \times 3.8m^H \times 3.8m^D$

有效容積：$269m^3$

停留時間：6.1hrs

需氧量：$U = a' \times Y + b' \times 2 = 0.5 \times 102 + 0.24 \times 538$

$= 167kg/day$

$Q = U \div 0.23 \div$ 空氣密度 $\div$ 氧吸收效率

$= 167 \div 0.23 \div 1.29 \div 0.22$

$= 2558m^3/day = 1.78m^3/min$

· 細散氣盤：

設計每個細散氣盤出氣量：$0.15m^3/min$

本案採$1.78m^3/min \div 0.15m^3/min \times 1.1$（安全係數）= 13個

表面積負荷$8g/m^2.day$，比表面積$100m^2/m^3$

BOD去除量：$176kg/day \times 58\% = 102.1kg/day$

需求體積：$102.1 \div (8 \times 100 \div 1000) = 128m^3$

鼓風機出氣量：$2m^3/min$以上，風壓6000mmAq

5. 終沉池

進流水量：1057CMD

表面溢流率：$7.7m^3/m^2.day$

堰負荷：$133m^3/m.day$

池體尺寸：$17m^L \times 8m^L \times 3m^H \times 2.7m^D$

有效容積：$293m^3$（扣除傾斜底）
停留時間：7hrs

6. 放流池

進流水量：1000CMD
池體尺寸：$0.92m^L \times 0.86m^W \times 0.92m^H \times 0.62m^D$
有效容積：$0.49m^3$

7. 污泥儲槽

進流污泥量：$44.73m^3$/day
池體尺寸：$5.4m^L \times 3.4m^W \times 2.0m^H \times 1.7m^D$
有效容積：$31.2m^3$
停留時間：16.7hrs

8. 污泥濃縮槽

進流污泥量：$31.31m^3$/day
池體尺寸：$\phi 2.4m^L \times 3m^H \times 2.7m^D$
有效容積：$9.76m^3$（扣除傾斜底）
停留時間：7.4hrs

9. 脫水機

進流污泥量：$6.49m^3$/day
固體捕捉率：95%
污泥餅比重：1.15
脫水後污泥餅體積：$1.05m^3$/day
脫水後污泥餅重量：241.9kg/day

9-4 在廢水處理廠之池槽更新配置處理部分

一、槽體部分

1. 調節池（利用原有調節池）

尺寸：$17m^L \times 8m^W \times 3m^H$
容積：$408m^3$
數量：1池
停留時間：9.7小時
配合工項：池內抽水，清洗及舊設備管路拆除運棄

2. 活性污泥池（利用原有圓形曝氣鐵槽）

尺寸：$11.6\phi m \times 6m^H$
容積：$634m^3$
數量：1池
停留時間：15.2小時
配合工項：池內抽水，清洗及舊設備管路拆除運棄

3. 接觸曝氣池（利用原有生物接觸槽）

尺寸：$12.7m^L \times 8.6m^W \times 4.5m^H$
容積：$491m^3$
數量：1池
停留時間：11.7小時
配合工項：池內抽水，清洗及舊設備管路拆除運棄

4. 沉澱池（利用原有沉澱池）

尺寸：$17m^L \times 8m^W \times 3m^H$

容積：$408m^3$
數量：1池
停留時間：9.7小時
配合工項：池內抽水，清洗及舊設備管路拆除運棄

5. 放流池

6. 污泥貯池

（利用原有順洗水槽、慢混池、逆洗水槽等組合而成）
尺寸：順洗水槽：$2m^L \times 3m^W \times 1.8m^H$
慢混池：$2.5m^L \times 2.5m^W \times 3.5m^H$
逆洗水槽：$2.5m^L \times 5m^W \times 1.8m^H$
合併容積：$55.17m^3$
數量：3池合併為1池
停留時間：1.32小時
配合工項：池內抽水，清洗及舊設備管路拆除運棄

7. 污泥濃縮池（利用原快混池、污泥貯槽等組合而成）

尺寸：快混池：$1.2m^L \times 1.2m^W \times 1.8m^H$
污泥貯槽：$2.1m^L \times 2m^W \times 1.8m^H$
合併容積：$10.15m^3$
數量：2池合併為1池
停留時間：0.24小時（14.6分鐘）
配合工項：池內抽水，清洗及舊設備管路拆除運棄
(1) 槽體補強部分：
· 原活性污泥曝氣鐵槽，內襯FRP 3層coating外部二層epoxy cating防蝕塗刷加五環（每m一環）4cm×2^tm/m白鐵扁鐵襯繞補強。容積：$11.6\phi m \times 6m^H$（$604m^3$）

(2) 連通管、孔，增修部分：

①由活性污泥池溢流至接觸曝氣池部分。

②由沉澱池流出放流部分。

③順洗水槽、慢混池、逆洗水槽，合而為一污泥貯池鉆孔互通部分。

④快混池、污泥貯槽合而為一污泥濃縮池鉆孔互通部分。

⑤新污泥濃縮貯池上澄液迴流入調節池溢流鉆孔部分。

鉆孔尺寸：6"～14"

數量：15孔

二、機械設備部分

1. 調節池鼓風機

型式：三葉魯式陸上型

風量：12m^3/min

風壓：3500mmAq

馬力：15HP

口徑：5"

數量：2台

附件：(1)出入口消音器

(2)出氣口及機台避震器防震墊

(3)安全閥、逆止閥、壓力錶、壓力開關、防震軟管

2. 生物池鼓風機

型式：三葉魯式陸上型

風量：25m^3/min

風壓：6700mmAq

馬力：50HP

口徑：6"

數量：2台

附件：(1)出入口消音器

(2)出氣口及機台避震器防震墊

(3)安全閥、逆止閥、壓力錶、壓力開關、防震軟管

3. 調節泵

型式：沉水不阻塞著脫型

廠牌：河見

馬力：10HP

出口：4"

水量：$1m^3$/min以上　揚程：21m以上

數量：2台

附件：(1)馬達保護器

(2)著脫座2組

(3)11/2×3m×3^tm/m白鐵導桿→4支

(4)3/8"白鐵鍊條5m×2條

4. 細篩機

型式：畜牧業專用型（斜篩式）

廠牌：煉盛

規格：LK-120以上

尺寸：$2m^W$（篩面寬）×$1.7m^H$×$1.2m^D$

材質：全機SUS304型

數量：1台

處理量：130噸／小時以上

附件：(1)高壓清洗泵

(2)清洗泵水源控制電磁閥

(3)高壓清洗水注遮板
(4)螺旋壓榨機及壓榨槽、榨桿

5. 調節池粗氣泡散氣盤

型式：散氣盤體10 φ cm以上，立體半球型
性能：0.02～0.2CMM（m^3/min）
口徑：3/4"外牙入氣孔
數量：112只
構造與材質：10 φ cm半球型，本體為ABS，散氣盤面為EPDM膠膜

6. 活性污泥池細氣泡散氣盤

型式：散氣盤體25 φ cm以上，盤型
性能：0.02～0.12CMM（m^3/min）
口徑：3/4"外牙入氣孔
數量：81只
構造與材質：25 φ cm半球型，本體為ABS，散氣盤面為EPDM膠膜

7. 接觸曝氣池細氣泡散氣盤

型式：散氣盤體25 φ cm以上，盤型
性能：0.02～0.12CMM（m^3/min）
口徑：3/4"外牙入氣孔
數量：96只
構造與材質：25 φ cm半球型，本體為ABS，散氣盤面為EPDM膠膜

8. 接觸曝氣池接觸濾材

型式：固定蜂巢式

材質：耐衝擊高密度之PVC

尺寸：$100m^{L} \times 0.5m^{W} \times 0.5m^{H}$

板厚：0.3m/m以上

數量：$165m^{3}$

附件：池內上層$L40 \times 40 \times 3^{t}m/m \times$SUS304角鐵，下層$L50 \times 50 \times 3^{t}m/m \times$SUS304角鐵支撐及消泡網濾材防漏之披覆

9. 沉澱池整流板

尺寸：$7.8m^{L} \times 1.8m^{W} \times 2^{t}m/m$

材質：SUS304

數量：1只

10. 沉澱池溢流堰

型式：雙鋸齒可調式

尺寸：$7.8m^{L} \times 0.25m^{W} \times 0.25m^{H} \times 2^{t}m/m$

材質：SUS304

數量：3槽

11. 沉澱池浮渣擋板

尺寸：$7.8m^{L} \times 0.5m^{W} \times 2^{t}m/m$

材質：SUS304

數量：1只

12.沉澱池污泥泵浦

型式：沉水不阻塞著脫型
廠牌：河見
馬力：1HP
出口：2"
水量：$0.2m^3$/min以上
揚程：8m以上
數量：8台
附件：(1)著脫座8組
(2)1"×3m×3^tm/m白鐵導桿→16支
(3)1/4"白鐵鍊條5m×8條

13.沉澱池池底氣昇抽泥泵

型式：氣昇虹吸式
材質：PVC
口徑：2"
數量：16組

14.沉澱池液面氣昇吸渣器

型式：氣昇虹吸式
材質：PVC
口徑：4"轉2"
數量：10組

15.污泥濃縮池溢流堰

型式：雙鋸齒
尺寸：$2m^L$×$0.25m^W$×$0.25m^H$×2^tm/m

材質：SUS304
數量：1槽

16.污泥濃縮池浮渣擋板

尺寸：$2m^L \times 0.5m^W \times 2^t m/m$
材質：SUS304
數量：1只

17.污泥濃縮池污泥螺旋泵浦（輸送污泥至脫水機脫泥用）

型式：螺旋輸送路上型
廠牌：富資
馬力：3HP
水量：$5m^3/hr$以上
揚程：20m以上
口徑：21/2"
數量：2台

18.污泥貯池迴流泵浦（打回活性污泥池及調節池用）

型式：沉水不阻塞著脫型
廠牌：河見
馬力：5HP
口徑：3"
水量：$1m^3/min$以上
揚程：11m以上
數量：2台
附件：(1)著脫座2組
(2)$11/2" \times 3m \times 3^t m/m$白鐵導桿→4支
(3)3/8"白鐵鍊條5m×2條

19.脫水機用高分子加藥機

型式：隔膜可調式
廠牌：進口貨
出藥量：2.5L/min以上
管壓：10kg/cm^{2}以上
馬力：1/4～1/2HP
數量：2台
附件：(1)加藥套襯軟管25m以上
(2)入水口過濾閥2只
(3)破虹吸閥2只

20.高分子槽用攪拌機

型式：夾桶式
轉速：250～300rpm/min
馬力：1HP
數量：1台
附件：(1)3/8"～1/2"白鐵攪拌棒2m
(2)全長30cm雙葉式白鐵攪拌葉2組

21.放流夾管式電磁流量計

型式：外夾管式
廠牌：進口貨
數量：1台
性能：(1)可讀取正、反向流量
(2)同時顯示瞬間及累積流量
(3)程式及參數可隨機修改
(4)數據可機外傳輸

(5)液晶螢幕，按鍵式操作
(6)記錄值0～無窮大

9-5　功能計算與質量平衡計算

本節特別針對所設計之廢水處理廠進行各處理單元之功能計算與質量平衡計算。

質量計算結果詳圖9.1所示。

設計單位：大展環境工程技師事務所
承建廠商：大陸水工股份有限公司
工地主任：吳永福

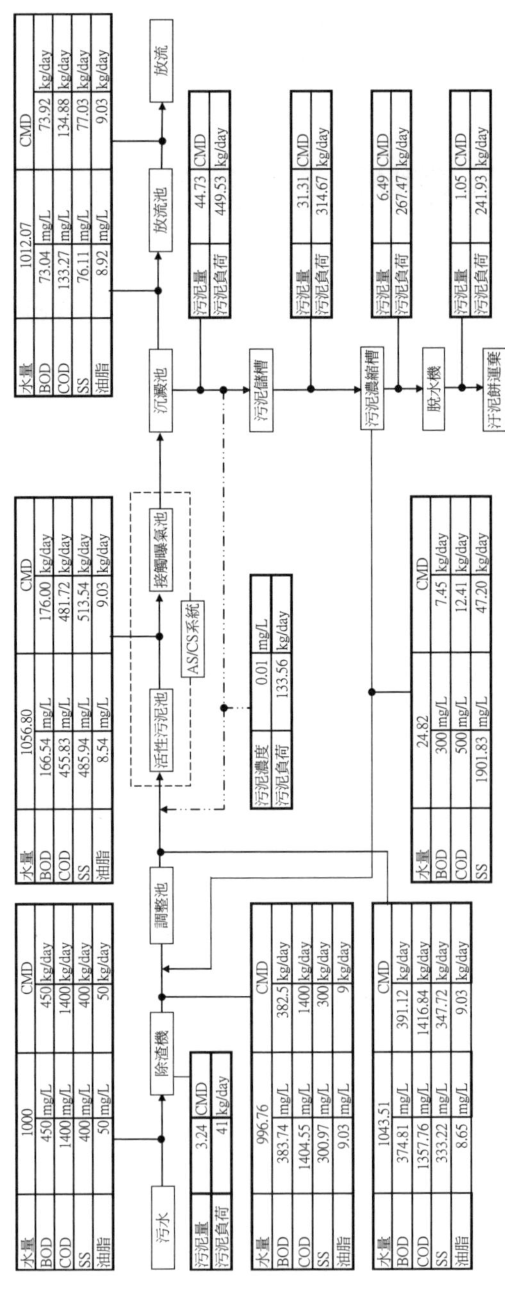
污水
除渣機
調整池
活性污泥池
接觸曝氣池
AS/CS系統
沉澱池
放流池
放流
污泥儲槽
污泥濃縮槽
脫水機
汙泥餅運棄
水量 1000 CMD
BOD 450 mg/L 450 kg/day
COD 1400 mg/L 1400 kg/day
SS 400 mg/L 400 kg/day
油脂 50 mg/L 50 kg/day
污泥量 3.24 CMD
污泥負荷 41 kg/day
水量 996.76 CMD
BOD 383.74 mg/L 382.5 kg/day
COD 1404.55 mg/L 1400 kg/day
SS 300.97 mg/L 300 kg/day
油脂 9.03 mg/L 9 kg/day
水量 1043.51 CMD
BOD 374.81 mg/L 391.12 kg/day
COD 1357.76 mg/L 1416.84 kg/day
SS 333.22 mg/L 347.72 kg/day
油脂 8.65 mg/L 9.03 kg/day
水量 1056.80 CMD
BOD 166.54 mg/L 176.00 kg/day
COD 455.83 mg/L 481.72 kg/day
SS 485.94 mg/L 513.54 kg/day
油脂 8.54 mg/L 9.03 kg/day
污泥濃度 0.01 mg/L
污泥負荷 133.56 kg/day
水量 24.82 CMD
BOD 300 mg/L 7.45 kg/day
COD 500 mg/L 12.41 kg/day
SS 1901.83 mg/L 47.20 kg/day
水量 1012.07 CMD
BOD 73.04 mg/L 73.92 kg/day
COD 133.27 mg/L 134.88 kg/day
SS 76.11 mg/L 77.03 kg/day
油脂 8.92 mg/L 9.03 kg/day
污泥量 44.73 CMD
污泥負荷 449.53 kg/day
污泥量 31.31 CMD
污泥負荷 314.67 kg/day
污泥量 6.49 CMD
污泥負荷 267.47 kg/day
污泥量 1.05 CMD
污泥負荷 241.93 kg/day

圖9.1 質量平衡圖

chapter *10*

養豬廢水處理

※實廠案例——台糖蒜頭場（80000頭豬）廢水處理廠

10-1 廢水處理水質與預定處理水質

一、計畫處理廢水水量

本處理場計畫處理之廢水量為1950CMD

二、計畫處理廢水水質

1. 原廢水水質：

pH：6～9
生化需氧量（BOD_5）：3,000mg/L
化學需氧量（COD）：8,000mg/L
懸浮固體勿（SS）：3,500mg/L

2. 兼氣醱酵處理後水質

廢水經兼氣醱酵處理水質：
pH：6～9
生化需氧量（BOD_5） <500mg/L
化學需氧量（COD） <1000mg/L
懸浮固體物（SS） <500mg/L

3. 喜氣處理後水質

當兼氣醱酵處理達前述處理水質時，喜氣處理部分達下列標準
pH：6～9
生化需氧量（BOD_5） <80mg/L
化學需氧量（COD） <400mg/L
懸浮固體物（SS） <150mg/L

當兼氣醱酵處理水質高於前述標準，喜氣處理部分達下列標準

pH：6～9
生化需氧量（BOD_5） 去除率≧85%
化學需氧量（COD） 去除率≧61%
懸浮固體物（SS） 去除率≧71%

10-2 系統說明

一、廢水兼氣醱酵處理系統

廢水先經固液分離後，由輸送泵輸送至廢水處理廠之沉砂渠內，再進入兼氣醱酵池，固液分離及輸送系統由業主負責施工，本工程自沉砂渠開始，廢水先於沉砂渠內去除廢水中可能砂粒後，進入兼氣醱酵池，沉砂池內沉積之砂，可由沉砂渠底部排砂閥排出。

廢水進入六段式，總體積為9000m^3以上之兼氣醱酵池後，利用兼氣醱酵原理，去除廢水中之有機物，使兼氣醱酵後之排放水水質達以下數值：

1. pH：6～9
2. 生化需氧量（BOD_5）< 500mg/L
3. 化學需氧量（COD）< 1000mg/L
4. 懸浮固體物（SS）< 500mg/L

二、喜氣處理系統

兼氣醱酵後之廢水進入調節池，做為進入喜氣處理前之均勻處理，喜氣處理系統主要乃以連續回分式活性污泥法（SBR）

做為處理方式，即以廢水抽水泵（P-1）分別將調節池之廢水按次序輸入三座SBR池（SBR A/B/C），以每天每池四個批次（Batch）方式，依次進進水、曝氣反應、排水和排泥，各階段之進行將配合二台鼓風機（B-1 A/B）及十三只自動控制閥，三個池子之個批次操作時間分別錯開，所有控制均由程式控制器（PLC）所控制。

10-3 處理流程

進流→沉砂渠→調節池→兼氣醱酵池→SBR池→放流

10-4 設備規劃

一、抽水泵（P-1 A/B）

1. 用途：安裝於廢水池中以抽取污水用
2. 按裝位置：調節池內
3. 數量：兩台
4. 型式：豎軸沉水式電動污水抽水機
5. 性能：額定點6M；流量26L/S；效率52%以上
   參考點5M；流量35L/S；效率54%以上
6. 出口管徑：100mm
7. 回轉數：1800rpm
8. 轉動方式：抽水機葉輪直接固定於馬達主軸上，直接推動葉輪
9. 構造：

(1)抽水機外殼：由鑄鐵製成，與葉輪間隙為可調整式。
(2)葉輪：由鑄鐵製成，為不阻塞型（NOH-CLOG）SEMI AXIAL輪通過固體物80mm。
(3)機械軸封：使用雙層之機械軸封，材質為SILICON CARBIDE，下側之軸封裝於與水接觸，葉輪背面之軸上，防止污水滲入軸部磨損主軸。
(4)主軸：SUS329。
(5)電動機：沉式鼠籠感應電動機並有6M之橡膠防水電纜，允許之起動頻率20次/hr。

10. 馬力：可連續輸出之軸馬力為5HP
11. 馬達絕緣：為F級，可耐過溫攝氏155℃
12. 馬達保護裝置：於馬達之三相線圈中裝置溫度保護開關，於馬達溫度上升至絕原破壞前切斷電源，於馬達室內進水時能切斷電源，以防止馬達燒毀
13. 電流：交流3φ，220V，60HZ
14. 抽水機安裝方式：採用滑桿自動接合方式，抽水機出口之接頭應
15. 裝有橡膠隔膜（DIAMPMRAGM CONNECTOR）
16. 廠牌：限歐美自由地區
17. 附件：需附自動著拖式底座以銜接出口管，導桿採用兩支固定式，材質為SUS304，鏈條需足夠承載本體吊運重量，材質為SUS304

二、污泥泵（P-2 A/B/C）

1. 用途：用以將SBR池內支剩餘污泥，抽送沉砂池內
2. 按裝位置：SBR池
3. 數量：3台
4. 型式：陸上型同軸自吸式泵浦

5. 性能：額定揚程：6M
   額定水量：400L/min
   額定點之效率：30%以上
6. 出口管徑：50mm
7. 構造：葉輪：材質為FC20
   外殼：材質為FC20且水路平滑，以提高泵浦效率，機械軸封：摺動面為CARBON-CERAMIC，迫緊為NBR
8. 馬達：為屋外型全密閉式鼠籠感動電動機，E級絕緣，廠牌為東元或大同
9. 附件：每組泵浦應具下列附件：
   出入口法蘭，迫緊及螺絲等附件
10. 廠牌：國產品為經濟部商檢局評鑑為甲等品管合格製造場之產品

三、鼓風機（B-1 A/B/C）

1. 用途：供應生物池內微生物用
2. 按裝位置：機房內（B-1 C不按裝）
3. 數量：三台
4. 型式：三葉式鼓風機
5. 容量：風壓於6000mmAq，入口風量23.6m^3/min
6. 轉速：1250rpm
7. 口徑：150mm ϕ
8. 構造：鼓風機及電動馬達應以水平方式安置於同一底座上，其各結構部分如下：
   (1)外殼：為高級鑄鐵（FC25），入口端垂直於外殼上方，出口端從外殼水平凸出，入口端口徑應為ϕ150mm JIS平口，出口端口徑應為ϕ150 mm JIS平口，外殼為一體鑄成。

(2)齒輪：材質為SCH21製成，齒輪精密度合乎JIS 1級以上之規格，使噪音減至最低程度。

(3)潤滑：軸承與齒輪之潤滑分別為皮帶輪側使用黃油，齒輪側使用機油，且潤滑油不會滲入鼓風機空氣室內。

(4)轉子與轉軸：材質為FCD45，經鑄造為一體三葉式並經精密機器加工成型，使轉子與外殼之間隙儘量減少，以求吐出之空氣流動相當平滑，以減少操作時噪音及振動之產生。

9. 噪音：於設計狀態下運轉時，噪音值不得高於88分貝（以鼓風機周圍1.5公尺處測值）

10. 馬達：需為全密性鼠籠型馬達，E級絕緣，廠牌大同或東元，3φ×220V×60HZ×50HP

11. 附件：每組附入口消音過濾氣、底座、三角皮帶、皮帶輪、皮帶護蓋、出口短管、安全閥、壓力錶、壓力錶凡而、防震接頭、逆止閥、面積式風量計

四、曝氣器（N-1）

1. 用途：擴散生物池內鼓風機所供應之風量，以噴射式完全混合效果，使增加生物池之氣傳送率，並有可逆止進水之功能
2. 按裝位置：SBR池內
3. 數量：240只
4. 容量及效率：

(1)容量：每只容量300L/min以上，風量於盤側面以24出氣孔射出

(2)傳氣率：於深度4公尺時，傳氣率為12%以上

(3)壓力損失：容量300L/min

5. 材質：殼體採用ABS，逆流膜為抗酸鹼性橡膠
6. 尺寸：進氣管尺寸為1" φ

五、自動控制閥

1. 用途：按裝於鼓風機送風管，抽水泵書水管，排水管及污泥輸送管上，並依PLC之控制做開關動作
2. 型式與數量：蝶型閥

10" φ	三組
6" φ	六組
球型閥	
4" φ	三組
3" φ	一組

3. 材質：鑄鐵
4. 規格：為JIS法蘭接頭，所有閥體以氣壓缸方式作動，操作壓力為3kg/cm^2，每組均須附有極限開關兩只，組合應為屋外防水型
5. 按裝方式：每組自動控制閥按裝須具有相同尺寸之手動伐三只做為BY-PASS用
6. 附件：1/2HP空氣壓縮機二台（C-1 A/B），附三點組合

六、程式控制器（PLC）

1. 軟體功能：程式控制器依照SBR操作程序內容及配合其他周邊設備，控制系統作動，其設計功能如下：
   (1) 依據SBR操作依序輸入三個SBR池及每池每天四個批次之個程序動作，其中每個階段之時間皆須為可隨時於盤面設定，設定時間範圍為：

進水	0～2hrs
曝氣	0～4hrs

靜置　　　　0～1hr
排水　　　　0～1hr
排泥　　　　0～1hr

(2)於進水階段，除受PLC本身時間控制，同時亦接受來自調節池之液位控制器LS-101及SBR之液位控制器LS-102（或LS-103，LS-104）控制，於調節池低液位或SBR高液位時均能控制抽水泵P-1停止運轉，以保護泵空轉及避免SBR水溢出，當調節池低液位或SBR高液位狀況解除時，依原設定時間進行進水或進行下批次的進水

(3)所有時間計時須以各自動控制閥之開或關確定後，方開始計時

(4)空氣進氣自動控制閥（CV-107～CV-112）之開與關之確定，除利用控制閥之極限開關外，另受其閥體上下游端之流量開關（FS-101～FS-105）共同判定

(5)排水自動控制閥（CV-104～CV-106）之開與關之確定，除利用控制閥之極限開關外，另受其閥體下游端之流量開關（FS-106～FS-108）共同判定

(6)其他自動控制閥之開與關之確定，利用控制閥之極限開關判定

(7)於盤面上須可隨時指示各SBR池進行階段及進行時間

(8)對系統所有運轉設備均可做故障顯示

2. 規格：

(1)額定操作電壓：控制器用電源24VDC，入出力用電源24VDC

(2)容許電壓變動範圍：95～110%V

(3)使用周圍溫度：0～50℃

(4)使用周圍濕度：30～80%RH

(5)保存周圍溫度：-20～70℃

(6)電池壽命：3年（周圍溫度+5～+35℃）鋰電池

(7)耐雜訊能力：800V以上

(8)耐震動：10～55Hz，1分間，復振幅0.75mm，X，Y，Z，方向各10分鐘

(9)耐衝擊：10G以上，X，Y，Z，方向各四次

(10) 程式記憶體：ROM/RAM（試運準時）也可使用EE-PROM

(11) 程式控制方式：電驛記號方式

(12) 程式處理方式：程式存儲，循環掃描方式

(13) 程式容量：2500step

(14) 演算處理速度：基本指令4.25μsec/l step～（平均7.5μsec/l step）

(15) 指令種類：基本指令19種，應用指令28種（高速計數指令7種）

(16) 輸出入點數：36點

(17) 內部補助Relay：非保持型　192點
保持型　60點

(18) 計時器：64點

(19) 計數器：48點

(20) 診斷機能：CPU　異常
電池　異常

(21) 程式保護機能：密碼方式

3. 數量：一組

七、攜帶式排泥渠（P-2 A/B）

1. 用途：用以抽送兼氣酸酵池之污泥

2. 數量：2台

3. 型式：沉水式
4. 性能：額定揚程：6M
   額定水量：300L/min
   額定點之效率：30%以上
5. 出口管徑：50mm
6. 構造：葉輪：材質為FC20
   外殼：材質為FC20且水路平滑，以提高泵浦效率
   機械軸封：雙層機械軸封CARBON-CERAMIC，迫緊為NBR
7. 馬達：為鼠籠感動電動機，E級絕緣，單相，3500rpm
   220V×60Hz×1HP
8. 附件：每組泵浦應具下列附件：
   出入口法蘭，迫緊及螺絲等附件

承建廠商：大陸水工股份有限公司
工地主任：張志明

chapter **11**

皮革廢水處理

※實廠案例——東紅製革廠之廢水處理廠

11-1 設計基準

1. 廠址：越南、美春工業區
2. 設計水量：3000CMD以下（操作時間：24hrs）
3. 進流至調節池原水水質

   pH：4.5～6.5

   COD：2500mg/L以下

   BOD：800mg/L以下

   SS：1500mg/L以下

   色度：600倍
4. 處理後水質

   pH：5.5～8.0

   COD：150mg/L以下

   BOD：50mg/L以下

   SS：100mg/L以下

   色度：80倍

11-2 處理流程

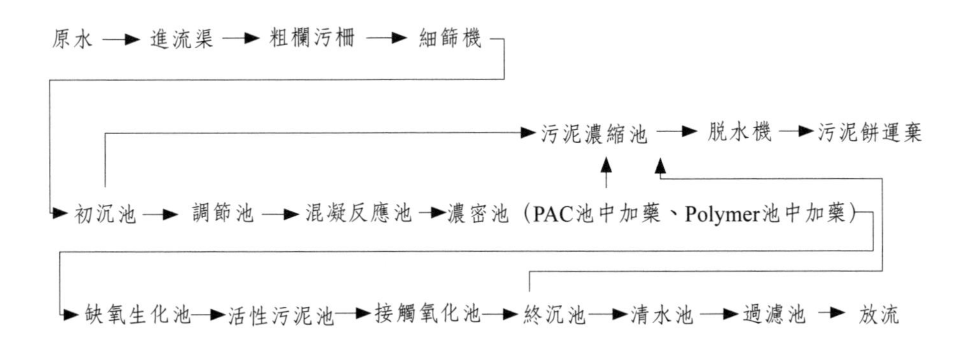

11-3 處理原理說明

細篩機：欄污機去除較大顆粒物質。減少抽水機、污泥去除設備、堰、閥、管線等其他附屬設備之損壞。

初沉池：初步沉澱離出水中之較小顆粒物。

調節池：調勻因製程、時間之改變而產生水質、水量之變化，穩定水質、水量以利於後續生物處理或生物之穩定成長及代謝。並加以曝氣，以增加廢水中之溶氧，及氧化廢水中之還原物質，降低COD量。

混凝反應池：加入液鹼以調整pH值至PAC、Polymer等藥品適用之範圍。

pH自動控制器：廢水行pH中和處理時，需正確控制所需之pH值，保持在最適宜條件下，提高處理效率，且較為經濟，此乃pH自動控制調節器之主要功能。

缺氧生化池：降低分解廢水中之氨氮。

活性污泥池：乃好氧性生物處理。分解廢水中較高濃度物質，保持並降低接觸曝氣池微生物之分解負荷。

接觸氧化池：以浮動式生物膜接觸氧化法，又名剩餘污泥完全氧化裝置（Totol Oxidation）原理為利用好氧菌、嫌氧菌、厭氧菌共存形成的生態平衡系統，老化污泥屍體亦為有機物，會相互氧化分解，整個系統只有微量砂土等無機物，形成極少量之污泥。

沉澱池：將生物處理後水中之SS在此沉澱，以減少排放水之SS增加水質之清澈度。

污泥濃縮池：將終沉池沉澱之污泥抽至污泥濃縮池再度濃縮以增加污泥之濃度，以利污泥脫水機脫水。

迴流污泥：本系統系採活性污泥法合併生物固定床法進行

處理，其中迴流污泥量則使用比例堰流量計進行控制，務使活性污泥池內污泥之MLVSS濃度達1500～2000mg/L左右，污泥齡則維持在10～15天，以利整個生物系統穩定且達最佳處理效能。

污泥脫水機：污泥脫水機（污泥乾燥床）設置之目的在於使濃縮處理後，污泥達到減量化、安定化，以易於做最終之處置。

清水池：經處理後之清澈水，集流於此排放。

過濾池：備用處理清水池內水中之微量SS後再行排放。

11-4 設備內容及規格

一、土木部分（業主自備）

1. 進流渠

材質：R.C
尺寸：$3m^L \times 0.5m^W \times 1.1m^H$
數量：2座

2. 初沉池

材質：R.C
尺寸：$21m^L \times 4m^W \times 4m^H$
數量：2座
容積：$336m^3$
停留時間：2.68hrs

3. 調節池

材質：R.C
尺寸：$28m^L \times 23.5m^W \times 4m^H \times 1$池
數量：1座
容積：$2632m^3$
停留時間：21hrs

4. 混凝反應池

材質：R.C
尺寸：$7.8m^L \times 2m^W \times 4.5m^H \times 1$池
$4m^L \times 2m^W \times 4.5m^H \times 1$池
數量：共2座
容積：$106.2m^3$
停留時間：50.9mins

5. 濃密池

材質：R.C
尺寸：$8.5m\phi \times 6m^H$
數量：共2座
容積：$680.5m^3$
停留時間：5.44mins

7. 缺氧生化池

材質：R.C
尺寸：$9m^L \times 8.5m^W \times 5.5m^H$
數量：共2座
容積：$841.5m^3$

停留時間：6.73hrs

8. 活性污泥池

材質：R.C
尺寸：$15m^{L} \times 8.5m^{W} \times 5.5m^{H}$
數量：共2座
容積：$1402.5m^{3}$
停留時間：11.22hrs

9. 接觸氧化池

材質：R.C
尺寸：$24m^{L} \times 8.5m^{W} \times 5.5m^{H} \times 2$池
數量：共2座
有效容積：$2244m^{3}$
停留時間：17.95hrs

10.終沉池

材質：R.C
尺寸：$8.5m\phi \times 5m^{H}$
數量：共2座
有效容積：$567.1m^{3}$
停留時間：4.53hrs

11.清水池

尺寸：$8.5m^{L} \times 2.75m^{W} \times 5m^{H} \times 1$池
容積：$116.8m^{3}$
停留時間：56.1mins
數量：1座

12.過濾池

材質：R.C
尺寸：$3m^L \times 1.975m^W \times 5m^H$
數量：1座

13.污泥濃縮池

材質：R.C
尺寸：$4.125m^L \times 4m^W \times 6m^H \times 4$池
有效容積：$396m^3$
數量：共4座

14.綜合空間（脫水機房）

材質：R.C及磚牆
尺寸：$33m^L \times 6m^W \times 5m^H$
數量：1座

15.鼓風機房

材質：R.C及磚牆
尺寸：$11.5m^L \times 6m^W \times 5m^H$
數量：1座

16.值班室

材質：R.C及磚牆
尺寸：$8m^L \times 6m^W \times 5m^H$
數量：1座

17.值班室

材質：R.C及磚牆
尺寸：$4m^L \times 6m^W \times 5m^H$
數量：1座

二、機電部分

1. 自動攔污柵
處理量：$70m^3/hr \times 500m/m^H$
馬力：$1^1/_2HP \times 380V \times 50HZ$
目開：10m/m
材質：全部SUS304
數量：1部
2. 路上型直接式調節池泵浦
馬力：10HP×380V×50HZ
特性：$1180L/min \times 15m^H$ (FC.20)
數量：3部（1台備用）
3. pH指示控制器
廠牌：SUNTEX
測定範圍：pH 0～14
精確度：0.1pH
傳送出力：DC-5～+5mv
電源：AC 100V±10%
控制接點：上限、下限兩點式
周圍溫度：0～40℃
附件：(1)複合式電極、溫度補償電極、電極支持裝置。
(2)特殊電極用之電纜線。
數量：共2組

4. 生物系統鼓風機
   馬力：75HP×380V×50HZ
   風壓：5500mmAq
   風量：40.0m^3/min以上
   數量：2部（交替運轉）
5. 浮動式生物接觸濾材
   材質：PP黑色
   有效接觸面積：58m^2/m^3
   濾材數量：1000m^3
   特點：(1)耐酸鹼，耐腐蝕。
   (2)比表面積大，處理效率高。
6. 細氣泡散氣管
   規格：1000m/m
   長度：1000m/m
   通氣量：350～450m^3/min
   數量：150支
7. 濃密機
   材質：SUS304
   型式：圓型中央驅動式
   尺寸：8.5mϕ×5m^H
   驅動馬達：380V×50Hz×1/2HP（附扭力插肖）
   數量：2組
8. 終沉池刮泥機
   材質：SUS304
   型式：圓型中央驅動式
   尺寸：8.5mϕ×5m^H
   驅動馬達：380V×50Hz×1/2HP（附扭力插肖）
   數量：2組

9. 終沉池污泥回流泵浦
   水量：1m^3/min
   馬力：7$^1/_2$HP×15m^H　3ϕ×380V×50HZ
   數量：2台（一台備用）
   材質：FC20
10. 濃密池、終沉池溢流堰整流桶
   材質：SUS304
   數量：4組
11. 浮渣擋板
   材質：SUS304
   數量：4組
12. 污泥脫水機
   (1)污泥脫水機本體
      型式：Belt Press Type（雙濾布）
      處理能量：8m^3/hr
      濾布寬度：1500mm
      機械尺寸：約3325mm^L×1780mm^W×2850mm^H
      污泥餅含水率：85～90%
      數量：2台
      本體附件：①無段變速驅動馬達（1部）
      ②蛇形調整器裝置
      ③鼓風機（1HP）
      ④清洗泵浦（1HP）
      ⑤氣液分離桶（PAC）
      ⑥濾布（PP或不織布）
      ⑦控制箱
      ⑧滾輪裝置（SUS304）

(2)其它附件

① 反應槽及攪拌機

攪拌機馬力：1/3HP×380V×50HZ

反應槽材質：SUS304

數量：2組

② 定量加藥泵

馬力：1/4HP×380V×50HZ

加藥量：10～20mL/min

揚程：20m

數量：2台

③ 旋轉容積泵

馬力：2HP×380V×50HZ

容量：150L/min

壓力：$2kg/cm^2$

數量：2部

13.加藥機

Polymer加藥量：200～2000cc/min

數量：4台（交替運轉）

14.加藥桶

PVC或PE製×5000L×7只

15.吊運、按裝、試車

16.現場配電及配電盤

(1)本工程之設備包括馬達、電纜線、無熔絲開關及電磁閥開關。

(2)配電盤為屋外型配電盤。

17.現場配管及凡而

管線：PVC及SUS304材質

凡而：PVC製或銅製材質

18.鼓風機噪音處理工程
19.菌種及微生物馴養
20.管理費及雜費

設計、承建廠商：大陸水工股份有限公司
工地主任：陳健在

chapter 12

掩埋場垃圾滲出水廢水處理

※實廠案例——天外天垃圾滲出水處理廠

摘要

垃圾衛生掩埋場之滲出水，外觀呈深褐色，成分非常複雜，不易處理至放流水標準。基隆市天外天垃圾掩埋場滲出水之平均流量為350CMD，本章利用活性污泥/接觸曝氣（AS/CA）合併系統、RO及氨氣提塔設備串聯系統進行處理，放流水平均COD為96 mg/L（去除率91%），BOD_5為22 mg/L（去除率83%），SS為7 mg/L（去除率86%），NH_4^+-N為17 mg/L（去除率98%），已回收應用於RO逆洗用水、基隆市道路灑水及花草樹木灌溉用水，以後將評估用於消防用水及枯水期的農業用水。
關鍵字：垃圾滲出水、AS/CA、RO、氨氣提塔、再利用

12-1 前言

近年來世界各地都有水資源短缺的問題，地中海地區的國家由於人口增加，觀光客增加及農業灌溉的增加等，造成對水的需求增加，使水源不足，必須開始做廢水的回收再利用（Shelef and Azov, 1996），例如希臘對各種水源的回收與再利用均非常熱衷（Techobanoglous and Angelakis, 1996）。

垃圾衛生掩埋場滲出水之水質特性與降雨量（Tatsi and Zouboulis, 2002）及垃圾打包方式有關（Fadel et al., 2001），與一般工業廢水不同，掩埋初期之1～5年，BOD_5/COD比值大於0.5（COD約10,000mg/L）；掩埋中期5～10年間，會降至0.5～0.1；掩埋10年以上之老舊掩埋場，比值再降至0.1以下，即BOD_5會逐年漸漸被微生物分解掉，但COD仍然偏高（約

1,000mg/L），外觀呈深褐色，含微量重金屬。如何改善垃圾滲出水處理效率之研究一直不斷，例如以曝氣氧化及提高pH值的方式來去除滲出水中之重金屬（Sletten et al., 1995），或以泥煤處理小型垃圾滲出水（Heavey, 2003）。

目前基隆市天外天垃圾衛生掩埋場滲出水處理廠中，除了有二級之生物、化學處理單元外，尚有逆滲透（RO）及氨氣提等高級處理設備，但過去因厭氧反應槽（USAB）功能不佳，使RO及氨氣提單位功能難以發揮至最佳效果，本研究以AS/CA合併系統代替UASB，以期再改善該廠處理功能，使放流水可進一步回收與再利用。

垃圾滲出水要處理至可再利用，所需投入的操作成本及操作技術要比其他種類的廢水高很多，且有健康風險需要評估（Asano and Levine, 1996），但在枯水期，沒有其他更適合的水源下，也是值得鼓勵的，目前天外天垃圾掩埋場廢水處理廠之排放水外觀澄清，各項水質指標都很低，因此興建四座20m^{3}的放流水貯槽，除可供RO逆洗用水外，可用於基隆市道路灑水及花草樹木灌溉用水。

12-2 材料與方法

一、設備現況概述

天外天垃圾衛生掩埋場滲出水處理廠之流程如圖12.1所示，現階段之處理容量約為350CMD，進流水質：COD = 900～1200mg/L，BOD_5 = 90～120mg/L，由於本掩埋場已使用11年，滲出水BOD_5值很低，BOD_5/COD值亦低，以現況進流之有機負荷僅達368kg-COD/d，與設計值3500kg-COD/d相差甚大，厭氧菌無法形成污泥毯，UASB已停用，生物處理功能主要依賴AS/CA合併系統，三級處理部分主要依賴RO系統，RO膜管的規格如表12.1，相關設備尺寸功能說明，如表12.2所示，目前之滲出水水質與設計條件之比較，列於表12.3，現場照片如圖12.2及12.3所示。

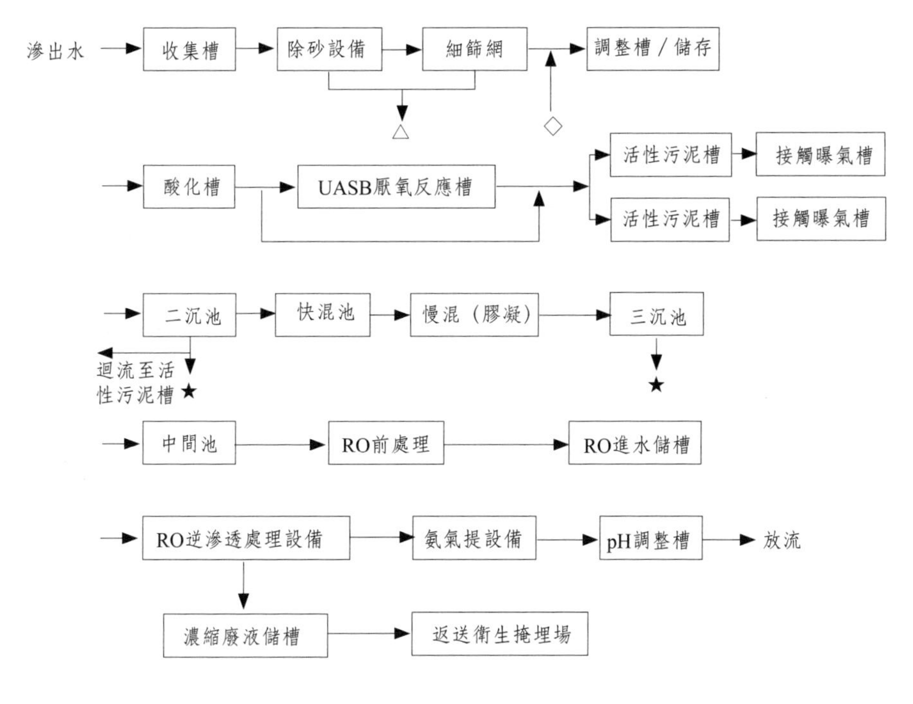

圖12.1 全廠處理流程

備註：1.△：定期清除運棄大型砂粒污物。
2.★：廢棄污泥池，返送至衛生掩埋場。
3.◇：滲出水處理廠生活污水。
4.除臭槽一組：用以去除滲出水處理系統散發之NH_3及硫醇類之惡臭。

表12.1　performance of RO membrane

parameter	unit	numbers	Remarks
Initial flux (0.35w% NaCl)	$1/m^2.h$	50±10	0.35w% NaCl at pH 6
Rejection (0.35w% NaCl)	%	99.0±0.5	25℃ and 4 MPa
Transmembrane pressure	kPa	-20..+6000	
pH		2～10	at 25℃
Chlorine exposure		do not expose	
Temperature	℃	1～70	at pH 3～9 and 4000kPa
Pore size	nm	25	
Membrane material composed of thin film polyamide/polysulfone composite			

表12.2　滲出水處理廠各處理單元之明細

名　稱	槽數	尺寸／性能	停留時間
收集槽	1個	$3m^L \times 3m^W \times 1m^H$	30分鐘
調整槽	1個	$15.3m^L \times 5.1m^W \times 4.3m^H$	23小時
儲存槽	1個	$15.3m^L \times 15.3m^W \times 4.3m^H$	69小時
酸化槽	1個	$1.5m^L \times 1.45m^W \times 2m^H$	18分鐘
UASB槽	1個	$12.6m^L \times 8.15m^W \times 3.8m^H$	26.7小時
活性污泥槽	2個	$7.8m^L \times 4.1m^W \times 3m^H$	6.5小時
接觸曝氣槽	2個	$7.8m^L \times 4.1m^W \times 3m^H$	6.5小時
二級沉澱池	1個	$5.5m\phi \times 3m^H$	5小時
快混槽	1個	$0.9m^L \times 0.9m^W \times 1.5m^H$	5分鐘
膠凝槽	1個	$1.5m^L \times 1.5m^W \times 1.45m^H$	13.5分鐘
三級沉澱池	1個	$4.5m\phi \times 3m^H$	3.3小時
中間池	1個	$6.8m^L \times 4.5m^W \times 2.4m^H$	5小時
RO處理設備	324組	每組7支膜管×每支膜管$14.4mm\phi \times 6m^L$	

表12.2（續）

名　稱	槽數	尺寸／性能
氨氣提塔	1組	鍋爐＋pH調整系統＋氣體反應槽＋熱交換器
放流池	1個	$6m^L \times 2.9m^W \times 2.1m^H$
濃縮液收集槽	1個	$6m^L \times 2m^W \times 1.9m^H$
污泥收集槽	1個	$4.5m^L \times 2.3m^W \times 3.1m^H$
除臭槽	1個	$7.6m^L \times 4m^W \times 2m^H$

表12.3　滲出水水質設計與現狀之比較

項　目	滲出水水質設計	現有水質（晴天）	現有水質（雨天）
水量（CMD）	350	500～700	700以上
pH	75～8.5	7.5～8.5	7.3～8.0
COD（mg/L）	10,000	1,000～1,500	600～1,000
SS（mg/L）	400	20～50	50～110
NH_4^+-N（mg/L）	500	500～700	500～700

圖12.2　滲出水處理廠全景

圖12.3 RO設備

二、研究方法

每天量測收集槽、活性污泥槽、接觸曝氣槽、二沉池、三沉池、RO前處理攪拌槽、RO設備、氨氣提設備及放流水之SS、COD、pH、溫度及導電度，每星期量測各槽之油脂、BOD_5、硝酸鹽氮及氨氮，每月量測放流水之Cu、Fe、Pb、Cr、Zn及Cd，每天記錄活性污泥槽之SVI及DO值，每季做地下監測井水質分析，目前完成一年的相關水質報告。

為確認生物處理系統與RO系統對水中有機物質的去除效果，特別在生物處理前、生物處理後、RO處理前及RO處理後四點，分別採三次水樣混合，再經High Performance Liquid Chromatography（HPLC）儀器，分析各點水中之有機物含量。

12-3 結果與討論

由圖12.4及圖12.5可看出COD及BOD_5值隨處理流程中的各反正槽有陸續下降的趨勢，表示最近一年各反應槽都具穩定的處理功能。從收集槽到活性污泥/接觸曝氣（AS/CA）合併系統，可看出COD、BOD_5平均值都有明顯下降，因AS/CA合併系統兼具懸浮性與附著性的微生物，生物相多，微生物之食物鏈長，系統穩定，處理功能強，確實可有效的分解生物不易降解的垃圾滲出水，COD去除率約為35.2～42.5%，BOD_5去除率約為59.9～65.4%，對處理滲出水而言，處理效率應可接受。若以食微比（F/M）計算之，以現況污泥迴流率30%，平均進流BOD_5 = 10^5mg/L、去除率 = 62.1%、MLVSS = 1300mg/L計算，則約為$0.091d^{-1}$，在操作上應屬於延長曝氣法，出流水質應較穩定且廢棄污泥量較少，NH_3-N在延長曝氣效果下，有高達43.2～56.8%之去除率，研判應有近乎一半氧化轉換為硝酸鹽氮形成，而並非除氮結果。

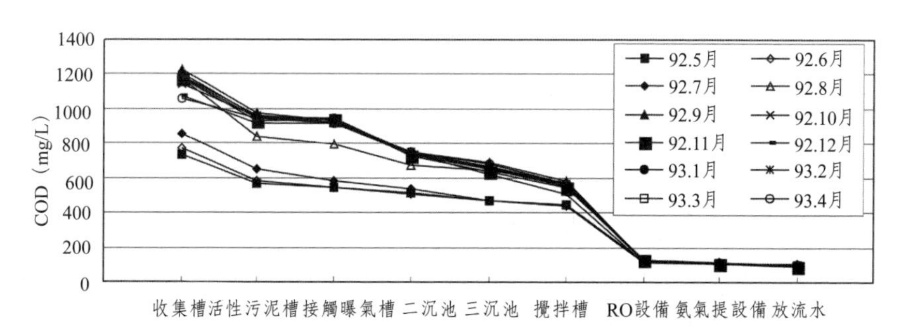

圖12.4 最近一年各槽每天量測COD的平均值

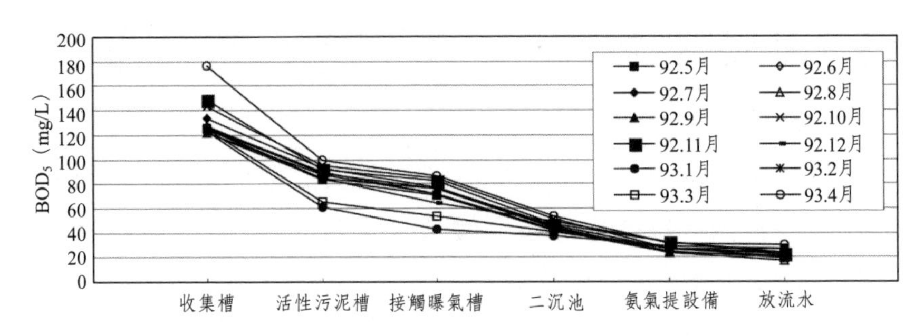

圖12.5　最近一年各槽每天量測BOD的平均值

由圖12.6，垃圾滲出水生物處理前與生物處理後之HPLC對照圖，可看出生物處理前之圖中的波峰較生物處理後之圖中的高，波長亦較長，表示生物處理前之水中有機物含量較生物處理後高，顯示生物處理有一定的效果。

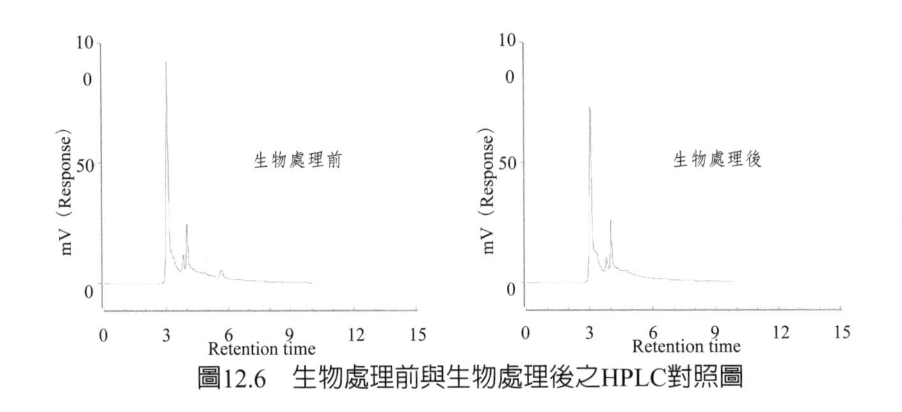

圖12.6　生物處理前與生物處理後之HPLC對照圖

薄膜技術，在一般廢水處理上，其所能去除的對象，幾乎無所不包，成效十分良好，由圖12.4，RO設備前COD值四百多，經RO處理後即降成一百多可證明。由於本廠之問題係因水質成份複雜，RO膜污染濃度負荷大，各種積垢都可能形成，且前有生物處理一定會形成生物積垢，因此將針對生物積垢問題加以處理，以降低膜管更換之頻率及費用，目前RO系統排放水與迴流污水比例為5：1，使RO膜的壽命短很多，RO膜管一年消耗量約在500～700支之間，光是RO膜管成本即超過U.S.100,000元，迴流比應考量改善成4：1或3：1，甚至可調到2：1使清除積垢的水流增加、剪力增加，減少積垢，增加RO膜壽命，惟會造成返送水量變大，若在天氣炎熱，蒸發效果好的夏天就很適合增加迴流比例。

由圖12.7，RO處理前與RO處理後之HPLC對照圖，可看出RO處理前之圖中的波峰較RO處理後之圖中的高，波長亦較長，表示RO處理前之水中有機物含量較RO處理後高，顯示RO處理有顯著效果。

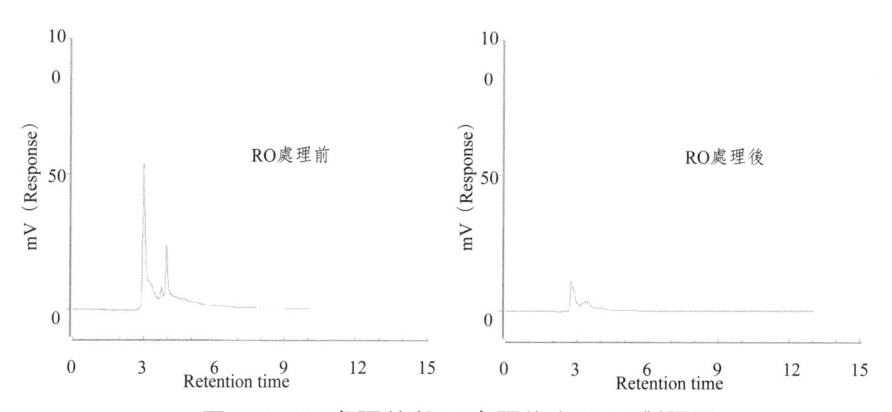

圖12.7　RO處理前與RO處理後之HPLC對照圖

由圖12.8可看出最近一年放流水中的COD、BOD_5及SS值都保持很穩定，平均COD = 96mg/L（去除率91%），BOD_5 = 22mg/L（去除率83%），SS = 7mg/L（去除率86%），均低於90年放流水標準很多，表示廢水處理廠的處理功能都正常，證明本再生水源可靠度高，可提供再利用。

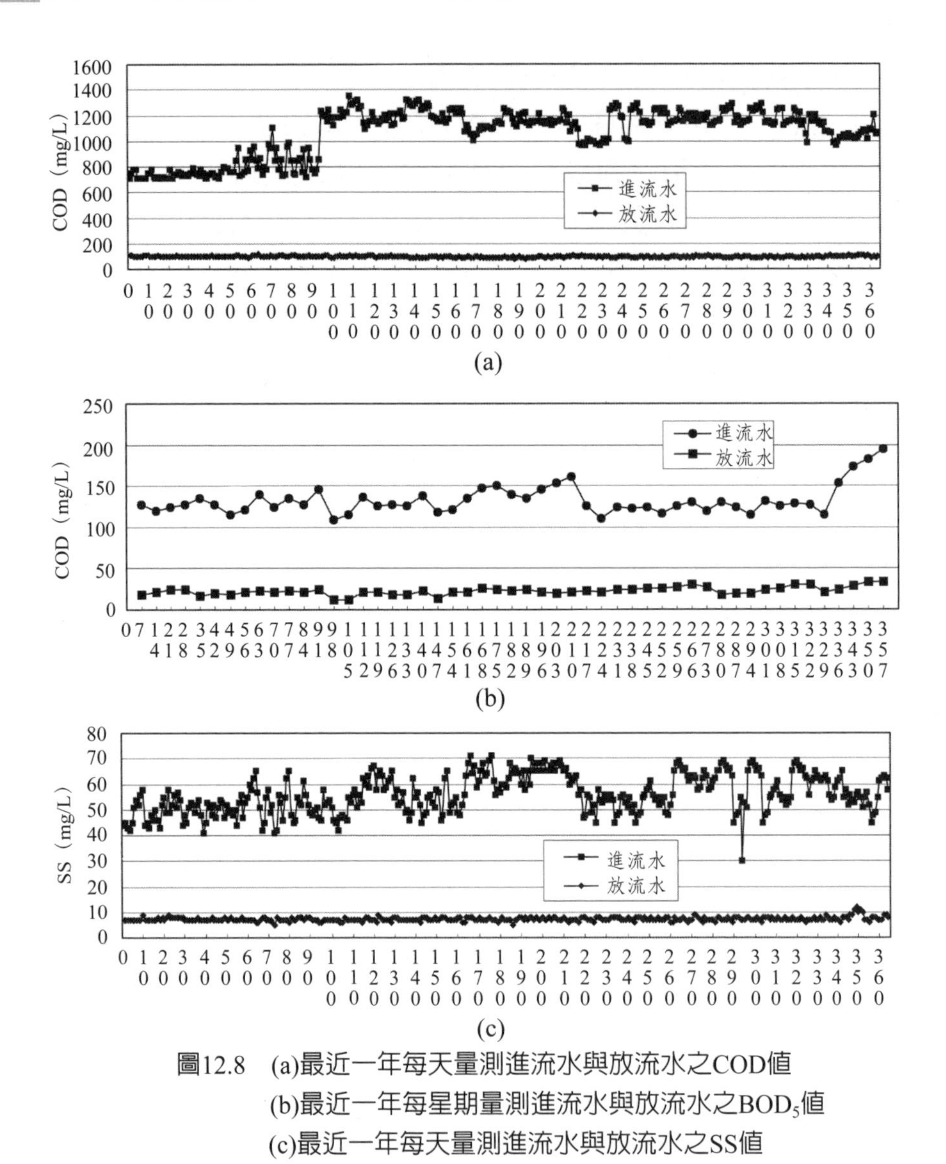

圖12.8 (a)最近一年每天量測進流水與放流水之COD值
(b)最近一年每星期量測進流水與放流水之BOD_5值
(c)最近一年每天量測進流水與放流水之SS值

氨氣提塔處理系統操作控制參數包括pH及溫度二項，最適控制範圍端視操作處理水質目標及可行成本而定，pH、溫度愈高愈有利於氣態NH_3-N之釋出，但必須考慮操作成本。

現有氨氣提系統對NH_4^+−N的去除效果很好如圖12.9所示，

放流水中平均NH_4^+−N = 17mg/L（去除率98%），前端具鍋爐加溫系統及pH調高系統，使水溫提高至50℃，pH提高至11，而後段有熱交換系統及pH調低系統，使水溫再降至35℃的排放標準以下，pH值也調降至放流標準9以下。

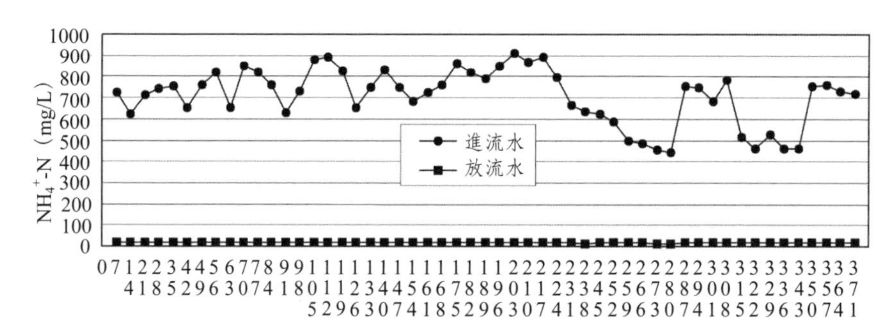

圖12.9　最近一年每星期量測進流水與放流水之NH_4^+-N值

由表12.4進流水平均水質與放流水平均水質之比較表，可知本廢水廠對SS、BOD_5、COD、NH_4^+-N及NO_3^--N之去除效果很高，亦可知Fe、Cr、Zn、Cd、Cu及Pb等重金屬的排放濃度都很低，且可看出所有水質檢測項目都低於國家放流水排放標準很多。

表12.4　天外天滲出水處理廠水質近況與排放標準比較

分析項目	進流水水質	放流水水質	排放標準
pH[-]	7.8～8.2	7.3～7.8	6.0～9.0
SS（mg/L）	30～50	5～10	≦50
BOD_5（mg/L）	90～120	≦20	-----
COD（mg/L）	900～1,200	80～120	≦200
NH_4^+-N（mg/L）	550～900	17	≦10
NO_3^--N（mg/L）	45～50	15～20	≦50

表12.4（續）

分析項目	進流水水質	放流水水質	排放標準
PO_4^{-3}（mg/L）	-----	0.25	≦4
Fe（mg/L）	-----	0.1	10.01
Cr（mg/L）	-----	ND	2.00
Zn（mg/L）	-----	0.07	5.00
Cd（mg/L）	-----	ND	1.00
Cu（mg/L）	-----	ND	3.00
Pb（mg/L）	-----	ND	-----

12-4 結論與建議

水質成分複雜的垃圾滲出水都可再生及再利用，對其他種類的廢水有極積、正面的鼓勵作用，使大家有信心來推動水的再生及再利用。

垃圾掩埋場的滲出水質特性隨掩埋場掩埋時間的增加不斷的改變，初期BOD值高，以生物＋化學的三級處理程序即可以應付，但中期、後期一定要加RO及氨氣提塔等高級處理設備才足以勝任。目前基隆市天外天垃圾掩埋場廢水處理廠之放流水水質雖低於90年國家放流水排放標準很多，可再利用，但處理成本很高，每m^3之處理費為U.S.D. 4.36元，枯水期肯定值得利用，但平時應評估再利用之經濟價值。

12-5 參考文獻

Asano T. and Levine A. D. (1996) Wastewater reclamation, recycling and reuse: past, present, and future. *Wat. Sci.* Tech. 33(10), 1-14.

Fadel M. E., Zeid E. B., Chahine W. and Alayli B. (2001) Temporal variation of leachate quality from pre-sorted and baled municipal solid waste with high organic and moisture content. *Waste Management* 22, 26-282.

Heavey H. (2003) Low-cost treatment of landfill leachate using peat. *Waste Management* 23, 447-454.

Shelef G. and Azov Y. (1996) The coming era of intensive wastewater reuse in the mediterranean region. *Wat. Sci, Tech*. 33(10), 115-125.

Sletten R.S., Benjamin M.M., Horng J.J. and Ferguson J.F. (1995) Physical-chemical treatment of landfill leachate for metals removal. *Wat. Res*. 29(10), 2376-2386.

Tchobanoglous G. and Angelakis A.N. (1996) Technologies for wastewater treatment appropriate for reuse:potential for applications in greece. *Wat. Sci*. Tech. 33(10), 15-24.

Tatsi A.A. and Zouboulis A.I. (2002) A field investigation of the quantity and quality of leachate from a municipal solid waste landfill in a Mediterranean climate. *Advances in Environmental Research* 6, 207-219.

操作維護廠商：大陸水工股份有限公司
工地主任：謝沂宏

chapter 13

水質水源保護區之污水處理工程（A_2O）

※實廠案例——復興鄉污水處理廠

13-1 廢（污）水處理前、後之水質資料

項目	處理前	處理後
水溫（℃）	25～30	25～30
pH	6～9	6～9
生化需氧量（mg/L）	175～250	4.61～6.59
化學需氧量（mg/L）	280～400	18.56～26.53
懸浮固體（mg/L）	175～250	16.96～23.84
導電度（mho/cm）	～	～
大腸桿菌群（CFU/100mL）	7×10^5～10^7	1.4×10^4～2×10^4
總氮（mg/L）	28～40	9.83～14.08
總磷（mg/L）	3.15～4.5	1.26～1.80

13-2 污水處理設備流程圖

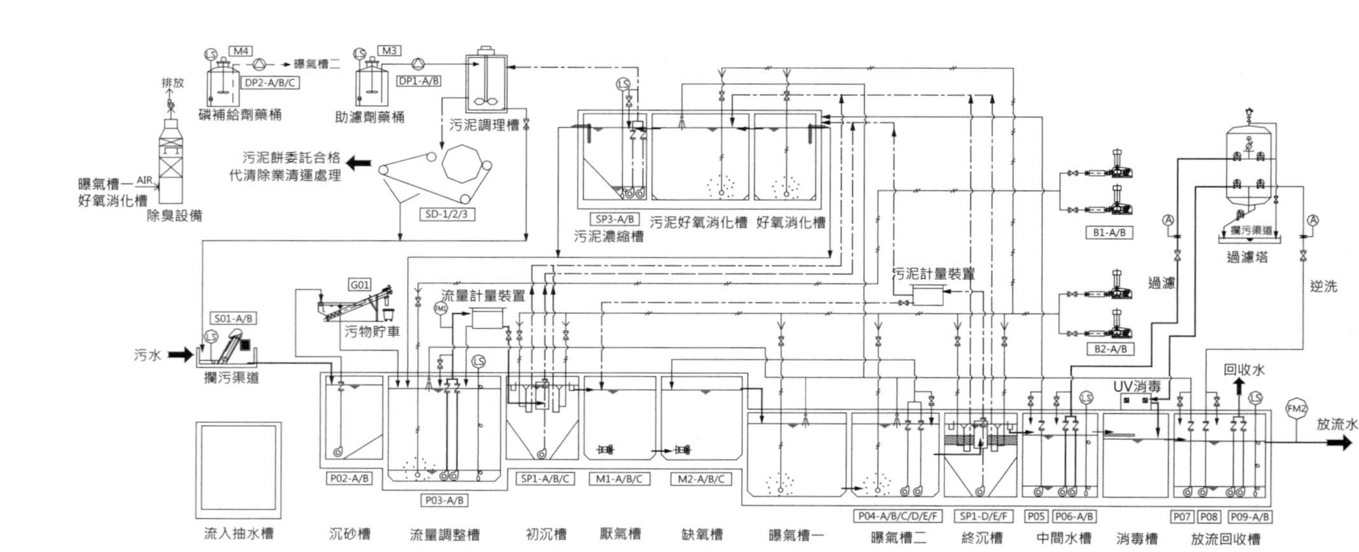

設備編號	S01-A/B	G01	B1-A/B	B2-A/B	P02-A/B	P03-A/B	P04-A/B/C/D/E/F	P05	P06-A/B	P07	P08	P09-A/B	SP1-A/B/C/D/E/F	SD-1/2/3
設備名稱	自動攔污機	洗砂機	調整鼓風機	曝氣鼓風機	抽砂泵	流量調整泵	循環泵	稀釋泵	過濾進水泵	消泡泵	逆洗泵	回收泵	污泥泵	污泥脫水機

設備編號	SP3-A/B	M1-A/B/C	M2-A/B/C	M3	DP1-A/B	M4	DP2-A/B/C	圖例									
設備名稱	污泥輸送泵	厭氣槽攪拌機	缺氧槽攪拌機	助濾劑攪拌機	助濾劑加藥機	磷補給劑攪拌機	磷補給劑加藥機	說明	逆止閥	閘閥	氣動控制閥	電磁閥	液位控制器	面積式流量計	壓力表	自動排氣閥	電磁流量計

桃園縣復興鄉都市計畫區水資源回收中心污水處理設施流程圖

13-3 污水處理設施水力剖面圖

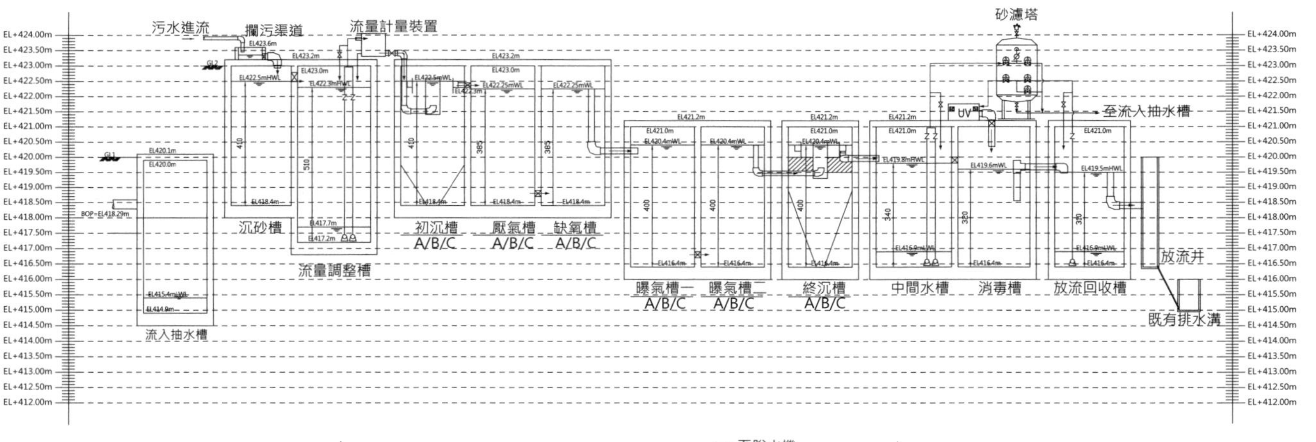

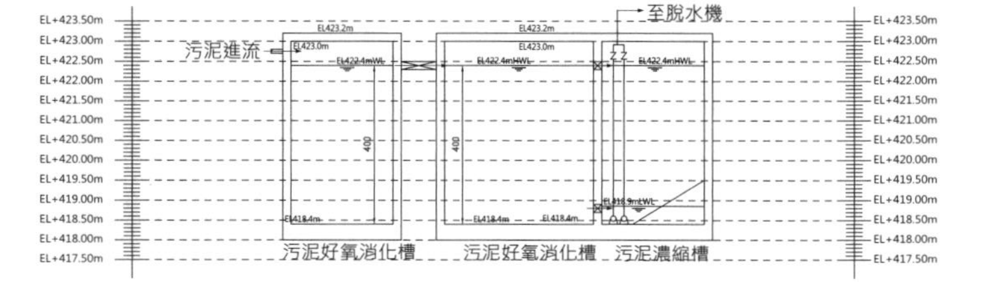

13-4 槽上部平面圖

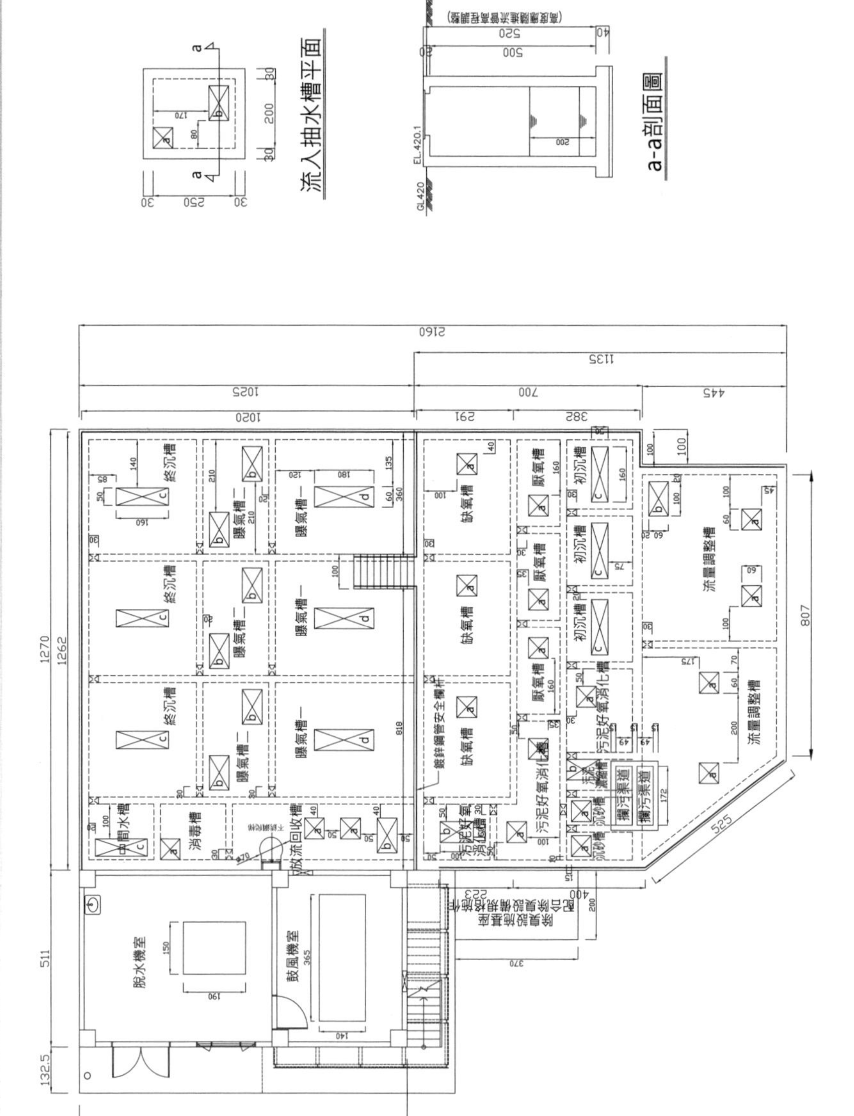
流入抽水槽平面
a-a剖面圖
終沉槽
曝氣槽二
曝氣槽一
中間水槽
消毒槽
放流回收槽
缺氧槽
厭氧槽
初沉槽
流量調整槽
污泥好氧消化槽
沉砂槽
攔污柵道
脫水機室
鼓風機室
2160
1135
1025
700
445
1020
291
382
1270
1262
511
132.5
1000
807
525

13-5 槽內部平面圖

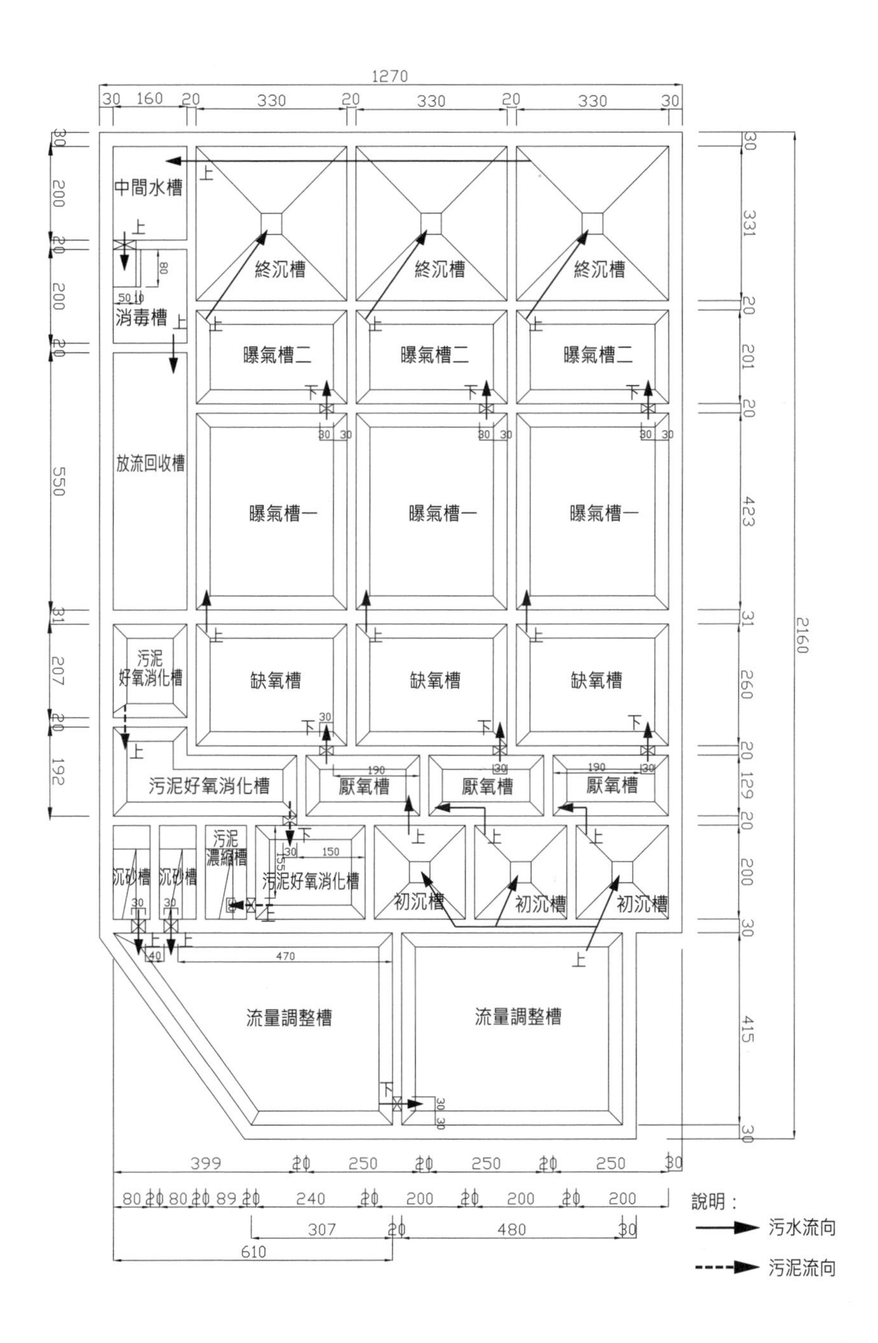
中間水槽
消毒槽
放流回收槽
污泥好氧消化槽
污泥好氧消化槽
沉砂槽
沉砂槽
污泥濃縮槽
污泥好氧消化槽
終沉槽
終沉槽
終沉槽
曝氣槽二
曝氣槽二
曝氣槽二
曝氣槽一
曝氣槽一
曝氣槽一
缺氧槽
缺氧槽
缺氧槽
厭氧槽
厭氧槽
厭氧槽
初沉槽
初沉槽
初沉槽
流量調整槽
流量調整槽
說明：
污水流向
污泥流向

13-6 本工程機械設備規格

1. 自動攔污柵（S01-A/B）

   處理能力：$50m^3/hr$
   目幅寬：3m/m
   材質：機體為不鏽鋼，柵條為不鏽鋼
   馬力：0.25HP、3ϕ、380V、60HZ
   數量：2台
   安裝位置：攔污渠道

2. 抽砂泵（P02-A/B）

   型式：沉水式工事泵
   額定揚程：8m
   馬力：2HP、3ϕ、380V、60HZ
   數量：2台
   安裝位置：沉砂槽

3. 洗砂機（G01）

   型式：傾斜式螺旋輸送機
   處理量：$0.4m^3/min$
   材質：不鏽鋼
   馬力：1HP、3ϕ、380V、60HZ
   數量：1台
   安裝位置：流量調整槽上方

4. 流量調節泵（P03-A/B）

型式：渦流式沉水泵
水量：0.41m^3/min
額定揚程：8m
馬力：2HP、3 ϕ 、380V、60HZ
數量：2台
安裝位置：流量調整槽

5. 厭氧／缺氧槽攪拌機（M1-A/B/C、M2-A/B/C）

型式：沉水導桿固定式
轉速：1715rpm
馬力：1HP、3 ϕ 、380V、60HZ
數量：6台
安裝位置：厭氧槽/缺氧槽

6. 循環泵（P04-A/B/C/D/E/F）

型式：渦流式沉水泵
水量：0.2m^3/min
額定揚程：8m
馬力：1HP、3 ϕ 、380V、60HZ
數量：6台
安裝位置：曝氣槽（二）

7. 初沉槽污泥泵（SP1-A/B/C）

型式：渦流式沉水泵
水量：0.1m^3/min
額定揚程：7m

馬力：0.5HP、3 ϕ 、380V、60HZ
數量：3台
安裝位置：初沉槽

8. 終沉槽污泥泵（SP2-D/E/F）

型式：渦流式沉水泵
水量：0.1m^3/min
額定揚程：9m
馬力：1HP、3 ϕ 、380V、60HZ
數量：3台
安裝位置：終沉槽

9. 稀釋泵（P05）

型式：渦流式沉水泵
水量：0.07m^3/min
額定揚程：8m
馬力：0.5HP、3 ϕ 、380V、60HZ
數量：1台
安裝位置：中間水槽

10.過濾進流泵（P06-A/B）

型式：不阻塞式沉水泵
水量：0.45m^3/min
揚程：11m
馬力：3HP、3 ϕ 、380V、60HZ
數量：2台
安裝位置：中間水槽

11.逆洗泵（P08）

型式：不阻塞沉水泵
水量：1.3m^3/min
額定揚程：11m
馬力：7.5HP、3ϕ、380V、60HZ
數量：1台
安裝位置：放流回收槽

12.消泡泵（P07）

型式：不阻塞式沉水泵
水量：0.2m^3/min
揚程：12m
馬力：2HP、3ϕ、380V、60HZ
數量：1台
安裝位置：放流回收槽

13.回收泵（P09-A/B）

型式：不阻塞沉水泵
水量：0.28m^3/min
額定揚程：25m
馬力：5HP、3ϕ、380V、60HZ
數量：2台
安裝位置：放流回收槽

14.調節鼓風機（B1-A/B）

型式：皮帶傳動式
風量：1.82m^3/min

馬力：7.5HP、3 ϕ 、380V、60HZ

數量：2台

安裝位置：鼓風機房

15.曝氣鼓風機（B2-A/B）

型式：皮帶傳動式

風量：0.5m^3/min

馬力：20HP、3 ϕ 、380V、60HZ

數量：2台

安裝位置：鼓風機房

16.磷補集攪拌機（M4）

型式：固定式

轉速：200RPM

馬力：0.25HP、3 ϕ 、380V、60HZ

數量：1台

安裝位置：曝氣槽（二）上方

17.磷補集劑加藥機（DP2-A/B/C）

型式：隔膜式

流量：640L/min

馬力：40W、3 ϕ 、380V、60HZ

數量：3台

安裝位置：曝氣槽（二）上方

18.紫外線消毒設備（UV）

處理量：400CMD

數量：1組

安裝位置：消毒槽上方

19.電磁流量計（FM-1/2）

型式：一體型
馬力：115VAC、60HZ
數量：2組
安裝位置：流量調整槽及放流回收槽出口

20.污泥脫水機（SD-1/2/3）

型式：單濾帶式
處理量：$2m^3/hr$以上
馬力：1/2HP、3 ϕ 、380V、60HZ
數量：1組
安裝位置：脫水機房

21.除臭設備

型式：屋外逆洗直立式
處理量：$50m^3/min$
馬力：5HP、3 ϕ 、380V、60HZ
數量：1套
安裝位置：鼓風機室旁

承建、操作維護廠商：大陸水工股份有限公司
工地主任：蕭承達

chapter 14

生態工法之污水整治工程（礫間工法）

※實廠案例——南湖礫間曝氣處理設施

14-1 前言

基隆河為淡水河系主要支流，並為流經大臺北都會區之重要河川；惟因河系匯集了大量市鎮污水、工業廢水及垃圾滲出水，造成水質惡化而影響水體正常利用及沿河地帶的生活環境品質。依據歷年相關污染整治規劃報告，基隆河之污染來源以生活污水為最大宗，因此臺北市政府工務局衛生下水道工程處（以下簡稱衛工處）乃積極推動污水下水道系統建設，並於污水下水道用戶接管尚未全面普及地區之主要排水幹渠，設置晴天污水截流站，以便於晴天時利用截流方式將污水引流至污水處理廠進行處理及排放。惟大規模採用截流系統將原應排入河川之晴天排水引流至下游污水廠處理後排放，不免影響中、上游河段之河川基流量；再者，根據國內、外經驗，即使全面完成用戶接管之地區，仍可能有約20%至40%的污染會因漏接、攤販或洗車業而經由排水渠道流入河川。為進一步保全都市河川水體品質，先進國家亦於河川支流或重要排水幹渠與河川匯流處，利用河岸高、低灘地構築水質再淨化設施，將支流或排水進行二次淨化後再令其排入河川主流，以減少河川所承受污染量。

有鑑於此，衛工處基於降低基隆河污染負荷、改善河川水體品質之願景，除持續致力於臺北市污水下水道用戶接管普及率之提升之外，並以民國94年完成之「基隆河水污染檢測及削減之評估計畫」為依據，配合行政院環保署的補助，於96年5月完成「南湖雨水抽水站晴天排水地下礫間接觸曝氣氧化試辦統包工程」（以下簡稱本計畫），期藉由本計畫達成下列目標：

1. 引進技術成熟之礫間接觸水質淨化工法。
2. 設置國內礫間接觸水質淨化之示範實場。
3. 建立礫間接觸之本土化設計與操作參數。

此工程衛工處繼續委託專業廠商進行日常操作維護工作，以維持正常之操作程序，並藉以累積礫間曝氣之本土化操作參數及實績，作為日後推廣本處理系統之模範。

14-2 處理量保證

此案之設施操作水量應達5,500CMD以上（當渠道排水量大於5,500CMD時）。

14-3 處理功能保證

此案之設施處理水質必須符合出流水生化需氧量濃度低於10mg/L、懸浮固體濃度低於10mg/L，氨氮濃度低於5mg/L，或上述三項水質之污染去除率達70%以上之目標。採樣時機為晴天或南湖抽水站集水區48小時內之降雨量小於10mm時。

14-4 系統簡介

此案之處理流程圖詳圖14.1所示。另土木設施及主要設備詳表14.1及表14.2所示。

表14.1 土木設施一覽表

	名稱		形狀、尺寸、體積	數量	備註
取水設施	取水口		高0.8 m×寬1.03 m	1個	
	沉沙池		寬1.5 m×長4.5 m×水深3.3 m 形狀：長方形	1池	
	進流抽水井		寬4.5m×長5.5m×水深2.8m （體積69 m^3）	1池	有效體積57.3 m^3以上
淨化設施	進水井		寬2.2m×長3m×水深2.3m （體積15.2 m^3）	1池	
	進流渠道		寬600 mm×水深200 mm（0.12m^2） 細攔污柵渠寬0.8 m	1池	
	入流端整流渠道		水路寬1 m×水深3.5 m	1池	
	礫間接觸曝氣氧化槽	曝氣區	體積：2,940 m^3 尺寸：寬24 m×長35 m×水深3.5 m	1池	(1)合計體積為3,696 m^3 (2)HRT = 6 hr
		非曝氣區	體積：756 m^3 尺寸：寬9 m×長10 m×水深3.5 m		
		全系統	體積：3,696 m^3 尺寸：寬24 m×長45 m×水深3.5 m		
	出流渠道		寬600 mm×水深200 mm	1池	
	淨化水槽		寬1.5m×長6m×水深2.6m （體積31.2m^3）	1池	
	污泥儲存槽		寬5m×長24m×水深3.2m （體積320m^3）	1槽	有效體積300m^3以上

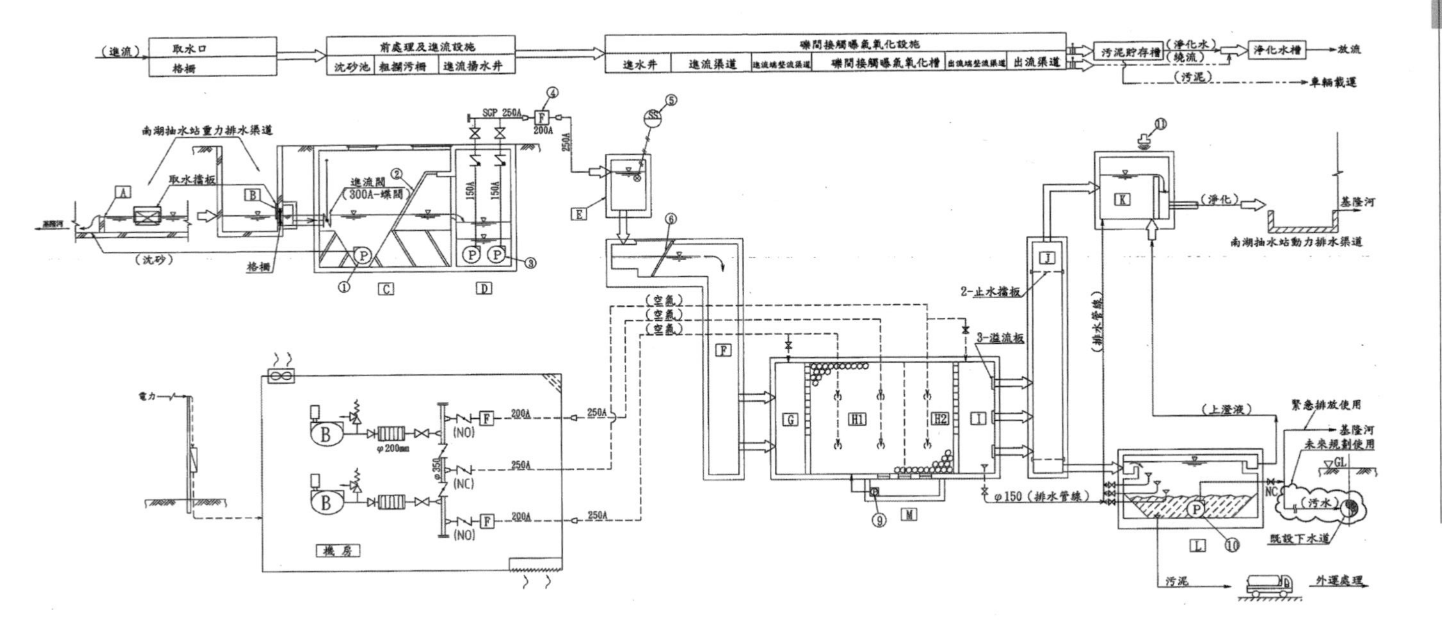

土木建築物	No.	A	B	C	D	E	F	G
	名稱	既有固定堰	取水口	沈砂池	進流揚水井	進水井	進流渠道	進流端整流渠道
	容量 尺寸 形狀	固定堰 堰高300mm	L0.4m W1.0m	6.75m² W1.5m×L4.5m×水深3.0m	有效體積51.4m³ W5.5m×L5.5m×水深1.7m	W1.7m×L3.2m×水深1.6m	進流渠道W0.6m 細攔污柵渠道W0.8m	W1.0m×水深3.5m
	數量	1	1	1	1	1	1	1
機械電氣設備	No.	1		2	3	4	5	6
	名稱	排砂泵		粗攔污柵	進流揚水泵	流量計	濁度計	細攔污柵
	規格	排砂泵(工事用) φ50×0.22m3/min×8m×0.75kw		污物泵浦 柵距40mm	φ150×2.7m3/min×8m×7.5kw 單台可變頻控制	電磁式流量計 φ200	浸入式 含偵測器及傳輸器	柵距20mm
	數量	1		1	2	1	1	1

土木建築物	No.	H		I	J	K	L	M
	名稱	礫間接觸曝氣氧化槽(3780m³)		出流端整流渠道	出流渠道	淨化水槽	污泥貯存槽	觀察室
	容量 尺寸 形狀	H1(曝氣區) 2940m³ W20m×L42m×水深3.5m	H2(非曝氣區) 756m³ W20m×L11m×水深3.5m	W1.0m×水深3.5m	W0.6m	W1.5m×L7.75m×水深0.8m	300m³ W6m×L20m×水深3.2m	3個1m²觀察窗
	數量	1	1	1	1	1	1	1
機械電氣設備	No.	7	8	9	10	11		
	名稱	曝氣設備	空氣流量計	排水泵	污泥泵	超音波流量計		
	規格	魯式鼓風機 φ150mm×25m3/min×4.5m×30kw	直接讀取式 φ200	污物泵浦 φ50mm×0.2m3/min×8m×0.75kw 自動排水	污物泵浦 φ80×0.3m3/min×10m×1.5kw	超音波流量偵測 0~5m		
	數量	2	2	1	2	1		

圖14.1　處理流程圖

表14.2 主要設備清單

設備編號	設備名稱	數量	型式	型號	性能或尺寸	備品	安裝地點	動力需求	設備參考廠牌／聯絡方式
BS-0101	粗攔污柵	1	手動式	-	渠寬：1.5m 渠深：2.55m 柵距：40mm	無	沉砂池	無	材質-不鏽鋼（尺寸詳細部設計圖）
BS-0102	細攔污柵	1	手動式	-	渠寬：0.8m 渠深：0.75m 柵距：20mm	無	進流渠道	無	材質-不鏽鋼（尺寸詳細部設計圖）
PS-0101	抽砂泵浦	1	沉水式	KTV2-8	φ50mm×0.20m³/min×9m揚程	備品：機械軸封／軸承／O型環	沉砂池	3Ph×480V×0.75KW×2P×E級×60HZ	(TSURUMI)／孫仲林(03)368-9830／桃園縣八德市豐田街67號
PS-0102A/B	進流揚水泵浦（1台可變頻）	2	沉水式	TOS150B47.5L	φ150mm×2.7m³/min×8m揚程	備品：機械軸封／軸承／O型環	進流揚水井	3Ph×480V×7.5KW×4P×F級×60HZ	(TSURUMI)／孫仲林(03)368-9830／桃園縣八德市豐田街67號
PS-0201	排水泵浦	1	沉水式	50UA2.75	φ50mm×0.22m³/min×8m揚程	備品：機械軸封／軸承／O型環	觀察室	3Ph×480V×0.75KW×2P×E級×60HZ	(TSURUMI)／孫仲林(03)368-9830／桃園縣八德市豐田街67號
PS-0202A/B	污泥輸送泵	2	沉水式	TOS80B21.5	φ80mm×0.4m³/min×10m揚程	備品：機械軸封／軸承／O型環	污泥儲存槽	3Ph×480V×1.5KW×2P×F級×60HZ	(TSURUMI)／孫仲林(03)368-9830／桃園縣八德市豐田街67號
BL-0201A/B	魯式鼓風機	2	魯式	RS-150	φ150mm×25CMM×4500mmAq揚程	備品：安全閥、逆止閥、手動蝶閥、壓力計、可撓管、三角皮帶	機房	3Ph×480V×30KW×4P×60HZ	大豐機械／鐘志雄(02)2995-0033／台北縣三重市241光復路一段121號
MM-0101	8"電磁流量計	1	電磁式／分離型／偵測器防水等級1P68	LF602+LF430	電磁流量計φ200mm	載	進流揚水泵浦出口	110V/220	TOSHIBA/升暘企業／賴文敬(07)813-5500／高雄市前鎮區新街路296巷3號
UM-0201	超音波流量計	1	超音波／分離型／偵測器防水等級IP68	FMU861+FDU80	量測高度5m	無	淨化水槽	110V	Endress+Hauery／肇傑企業／張家綸0939-348545台北市敦化北路307號9樓之2
TM-0101	濁度計	1	Online／自動清洗	MSM300+LS	0～1000mg/L	無	進水井	110V/220V	Solartron／日緯企業／簡尚文(07)815-8579／高雄市前鎮區擴建路1-24號3樓

14-5 一般操作程序

為清楚說明一般操作程序及排泥操作程序，以下利用圖14.2系統操作流程對照圖，逐步講解說明操作之步驟。

1. 運轉前確認事項

(1)取水進流閥為開啟狀態。
(2)止水擋板SG1為關閉、SG2為開啟。
(3)鼓風機V1與V2為關閉、V3與V5全開、V4為關閉。
(4)進、出流整流區之空氣閥V6及V7均半開。
(5)礫間淨化曝氣氧化槽排空備用閥V8關閉。
(6)污泥貯存槽水位水質檢視閥V9、V10、V11均全開。

2. 自動運轉操作

(1)進流揚水泵與鼓風機由off轉到自動控制，使進流量由水位控制進流揚泵自動運轉。
(2)鼓風機維持24小時運轉。
(3)排沙泵、電磁流量計、SS計、觀察室排水泵與超音波流量計均維持自動控制狀態。

日常操作時並記錄各設備之操作參數以供功能分析之用。

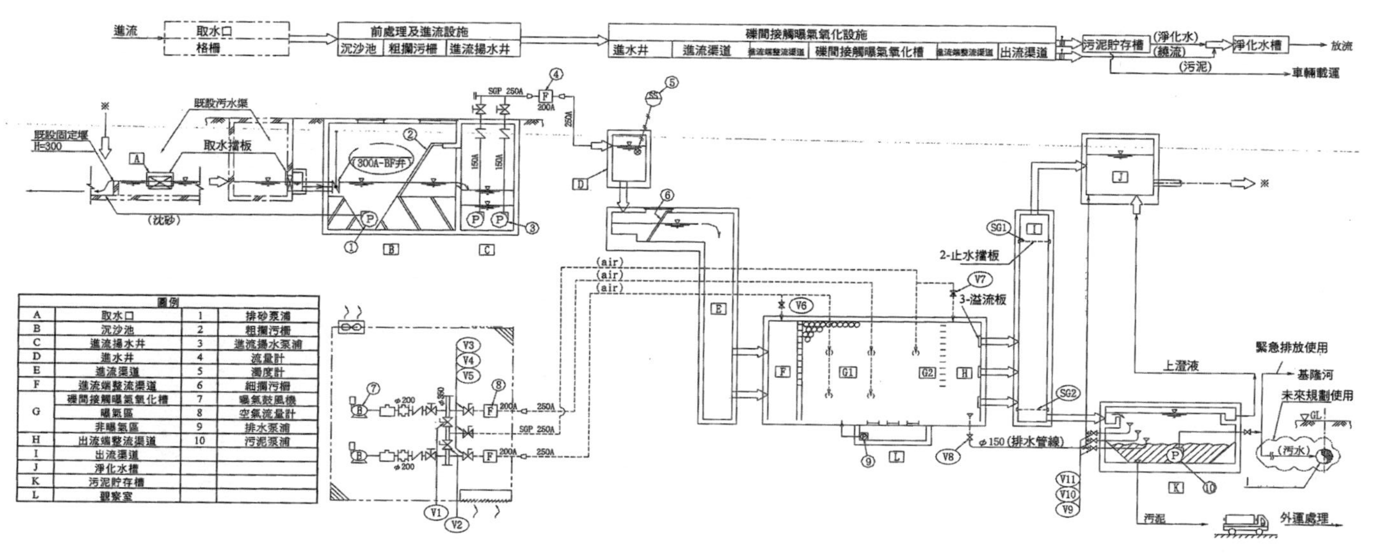

圖14.2 系統操作流程對照圖

14-6 排泥操作程序

當礫間曝氣氧化槽累積運轉水量達450,000m^{3}時（未達累積水量時則3個月清除1次），或目視放流水質有差異時，報請甲方會勘後，將進行曝氣排泥操作，排泥操作程序如下所述（參照前圖14.1）：

1. 排泥時水路控制

(1) 將止水檔板SG1開啟、SG2關閉，使水流直接經出流端整流渠道後流經淨化水槽後放流。
(2) 將污泥貯存槽水位水質檢視閥V9、V10、V11則由開啟轉為關閉。
(3) 將污泥貯存槽內水量排空。

2. 排泥操作

(1) 空氣控制閥之切換順序為開啟V1及V4後，關閉V3。
(2) 水路控制閥的切換則為開啟SG2同時關閉SG1。

3. 進流停止

待出流水將污泥貯存槽灌滿時將進流揚水泵切換至手動off狀態停止進流。

4. 污泥沉降後水路控制

污泥貯存槽經靜置30分鐘後，依序將污泥貯存槽水位水質檢視閥V11、V10及V9開啟，檢視其水質狀況並將澄清的上層液排放。

5. 再次排泥

待污泥貯存槽上層液排放後，將污泥貯存槽水位水質檢視閥V9、V10、V11則由開啟轉為關閉，再次啟動進流揚水泵開始進流，重複執行步驟3～步驟5至排泥出流水澄清時。

6. 排泥完成／曝氣氧化操作

當排泥出流水澄清時完成排泥動作，重新恢復接觸曝氣氧化槽之定常運轉：

(1)空氣控制閥之切換順序為開啟V3後關閉V4。

(2)將止水檔板SG1開啟、SG2關閉，使水流直接經出流端整流渠道後流經淨化水槽後放流。

7. 污泥處理

排泥完成後，使污泥於污泥貯存槽靜置24小時以上，再將V11、V10及V9依序開啟，檢視其水質狀況並將澄清的上澄液排放，並現地污泥脫水處理或槽車進行污泥之抽除及場外清運處理。如有必要時，清除人員應下至槽內，刮除槽底剩餘污泥，人員進入前須先讓槽內空氣流通，並有抽風設備抽送足夠風量方得進行。

8. 恢復全系統正常運轉

當污泥抽除清運完成後，將止水檔板SG2開啟、SG1關閉，恢復全系統之正常運轉。

14-7 設備操作運轉要領

各項設備之操作必須依表14.3之設備操作運轉要領執行。

表14.3 設備操作運轉要領

NO	名稱	數量	操作要領
1	排砂泵	1台	*24小時timer控制間歇運轉 *24次/日、5 min/次
2	粗攔污柵	1座	定期清理攔污柵
3	進流揚水泵	2台	No.1定速運轉 *自動→連續運轉
			No.2可變頻控制 *自動→連續運轉、可利用流量訊號控制變頻運轉
			停止條件 *懸浮固體：當濃度超過250mg/L時停止，低於150mg/L時恢復運轉 *水位：LLWL以下時兩台OFF，LWL以下時單台定速運轉，MWL以上時，兩台同時運轉，HWL以上兩台同時OFF
4	流量計	1台	*連續顯示流量讀值，記錄累計流量 *流量訊號回傳控制No.2進流揚水泵變頻運轉
5	懸浮固體監測計	1台	*連續監測 *懸浮固體濃度超過250mg/L時進流揚水泵停止 *懸浮固體濃度低於150mg/L時進流揚水泵恢復運轉
6	魯式鼓風機	2台	*自動→連續24小時運轉 *發生HHWL之異常高水位時，鼓風機停止運轉

表14.3（續）

NO	名稱	數量	操作要領
7	進流揚水井液位計	5個	＊HHWL：異常高水位　EL+7.2，鼓風機停止運轉 ＊HWL：高水位　EL+4.4，進流揚水泵停止運轉 ＊MWL：水位　EL+3.1，進流揚水泵兩台運轉 ＊LWL：低水位　EL+2.2，進流揚水泵單台運轉 ＊LLWL：低低水位　EL+1.4，進流揚水泵兩台停止運轉
8	細攔污柵	1座	＊定期清理攔污柵
9	排水泵	1台	＊自動控制排水泵
10	污泥輸送泵	2台	＊手動運轉 ＊停止條件→污泥貯存槽水位LWL　EL+3.3以下
11	污泥貯存槽液位計	1個	LWL：低水位　EL+3.3，污泥輸送泵停止運轉
12	超音波液位計	1台	連續顯示流量讀值，記錄累計流量

操作維護廠商：大陸水工股份有限公司

工地主任：李世維

chapter *15*

歷屆試題參考解答

代號：00650
頁次：2-1

109年專門職業及技術人員高等考試建築師、32類科技師（含第二次食品技師）、大地工程技師考試分階段考試（第二階段考試）暨普通考試不動產經紀人、記帳士考試、109年第二次專門職業及技術人員特種考試驗光人員考試試題

等　　別：高等考試
類　　科：環境工程技師
科　　目：給水及污水工程
考試時間：2小時　　　　　　座號：＿＿＿＿＿＿

※注意：(一)可以使用電子計算器。
(二)不必抄題，作答時請將試題題號及答案依照順序寫在試卷上，於本試題上作答者，不予計分。
(三)本科目除專門名詞或數理公式外，應使用本國文字作答。

一、(一)自來水廠使用硫酸鐵做化學混凝劑，若原水中添加 130 mg/L 之硫酸鐵，請問水中的鹼度會消耗多少 mg/L（as $CaCO_3$）？（10 分）
(二)若水中僅含有鹼度 30 mg/L（as $CaCO_3$），請問欲達到混凝效果尚須添加多少量的石灰？[註：硫酸鐵：鐵占 18.5%（wt%）；石灰：氧化鈣占 85%（wt%）]（10 分）

解答：

(一) $Fe_2(SO_4)_3 + 3Ca(HCO_3)_2 \rightarrow 2Fe(OH)_3 + 3CaSO_4 + 6CO_2$

$$\therefore \frac{\frac{130mg/L}{56\times2+(32+64)\times3}}{1} = \frac{\frac{Xmg/L}{40+(1+12+48)}}{3}$$

$$\therefore \frac{400}{130mg/L} = \frac{Xmg/L}{486}$$

X = 158mg/L……消耗鹼度

(二) $Ca(OH)_2 + Ca(HCO_3)_2 \rightarrow 2CaCO_3\downarrow + 2H_2O$

$$\frac{\frac{Xmg/L}{40+(17\times2)}}{1} = \frac{\frac{(158-30)mg/L}{40+(1+12+48)_2}}{1}$$

$$\therefore \frac{Xmg/L}{74} = \frac{128mg/L}{162}$$

∴X = 158mg/L……添加石灰量

二、(一)某自來水廠擬使用加氯消毒，試說明加氯消毒原理及加氯池設計準則為何？（10分）

(二)加氯消毒池之設計先進行模廠追蹤劑試驗（Tracer test），測得其延散係數（Dispersion Number）為 0.01；假設加氯池停留時間為 15 分鐘，進流微生物濃度為 2×10^4 菌落數/100 ml（MPN），微生物之致死係數（Lethality Coefficient）為 2 min-L/mg，若殺菌率欲達 100%時，其加氯濃度為何？（10分）

解答：

(一) 加氯消毒一般加NaOCl為強氧化劑，可快速殺死自來水中的病菌，且可使自來水中保持有殘存的有效餘氯，可繼續殺菌，使後端管線或貯槽中的病菌亦會被殺死。

加氯池設計一般需有10～20mins的水力停留時間，且要有攪拌混合設備方可有效殺菌。

(二) $K = \log\frac{N_1}{N_2} = C^n \times t$

殺菌率達100%，假設殘留微生物濃度為1菌落數／100mL

$$\therefore \log\frac{2\times10^4}{1} = C^{2\text{min, h/mg}} \times 15\text{min}$$

$$\frac{4.3}{15} = C^2$$

C = 0.54mg/L

三、(一)試說明活性碳等溫吸附試驗方法及步驟，如何求得 Langmuir 及 Freundlich 模式之係數？（10分）

(二)某工業廢水進流量為 400,000 L/day、進流濃度為 50 mg/L，擬採用活性碳處理，經等溫吸附試驗獲得下列結果：

$$q_e = 20\,C^{1.67}$$

式中 q_e(吸附量) = mg TOC/gm(活性碳)

C(濃度) = mg/L as TOC

依據上述等溫試驗結果，若處理水質應控制在 10 mg/L as TOC，請問在「單階漿料反應器（Single Stage Slurry Reactor）」操作條件下推估所需之活性碳量為何？（10分）

解答：

(一) 各稱5、10、15、20mg之活性碳分別投入瓶杯中，亦將各100ml廢水投入杯中，混合後取上澄液分別測COD，以殘存COD值C為橫軸，以單位重量活性碳吸附COD量$\frac{X}{M}$為縱軸，繪出等溫吸附模式方程式

$$\frac{X}{M}=KC^{\frac{1}{n}}$$

兩邊取對數

$$\log\frac{X}{M}=\log K+\frac{1}{n}\log C$$

將斜線任何兩點值（$\frac{X}{M}$，C）代入方程式，即可因兩個方程式可解兩個未知數，求得K值、n值

(二) $q_e = 20\times 50^{1.67} = 13750$mgTOC/gm（活性碳）

所需活性碳量$\frac{400,000L/D\times(50-10)mg/L}{13,750}=1,164mg$

> **四、㈠試分別定義生物活性污泥槽之污泥齡、需氧量及污泥產量，並繪圖說明污泥齡、需氧量及污泥量之關聯性，供污水處理廠人員作為設計及操作之參考。(10分)**
>
> **㈡設計一單元操作試驗，說明其試驗方法及步驟，用以求得某染整廢水使用活性污泥法處理時之需氧量。(10分)**

解答：

(一)1. 污泥齡：5～10天

$$SRT=\frac{\text{曝氣池 MLSS 量}+\text{終沈池及迴流管 SS 量}}{\text{出流出 SS 量}+\text{每天排泥量}}$$

2. 需氧量：曝氣槽維持DO：2～3mg/L

需氧量 $U = a'Y + b'Z$

U：kg/D

Y：去除之BOD (kg/D)

Z：MLSS量kg

a’ = 0.35～0.5kgO_2/kgBOD

b’ = 0.05～0.24kgO_2/kgBOD

即每去除1kgBOD，微生物需消耗0.35～0.5kgO_2

每1kgMLSS每天需0.05～0.24kgO_2

3. 污泥產量

即BOD轉化成污泥量－MLSS成長所消耗的污泥量

$= aY - bMLSS \times V \times 10^{-3}$

a：BOD污泥轉換率(0.5～0.8)MLSSkg/BODkg

b：MLSS體內氧化率(0.01～0.1)MLSSkg/kgMLSS.D

Y：BOD去除量kg = $QS_0\eta \times 10^{-3}$

Q：流量m^3/D

S_0：進流BOD mg/L

η：去除率

V：曝氣池體積

(二)

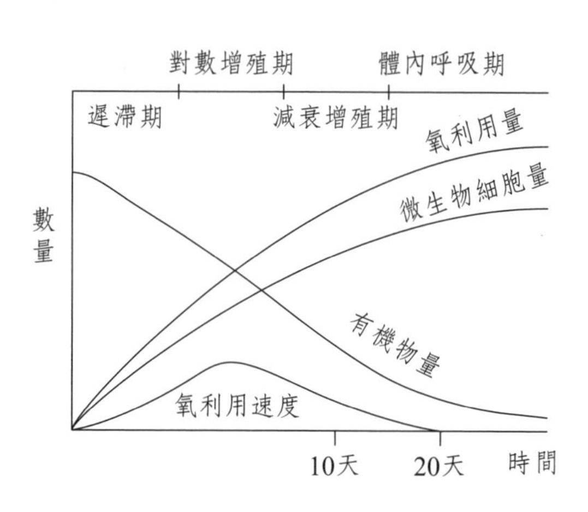

1. 污泥齡維持在5～10天，對有機物的消化速度較快，對氧的利用速度亦較快，故需適度的排泥來維持，要有一定的污泥產量。

2. 污泥齡若過長，形成老化污泥，雖污泥會自我消化，污泥量較少，但老化污泥氧的利用量少，有機物的分解能力亦低。
3. 故選減衰增殖期微生物細胞量較多，殘存有機物量較少，污泥產量亦較少，最適合，再從上圖求得氧利用量。

五、某污泥濃縮池設計前先進行模廠測試，實驗數據如下：

懸浮微粒濃度（Kg/m^3）	速度（m/sec）
2.0	1.02×10^{-3}
3.0	0.66×10^{-3}
4.0	0.39×10^{-3}
5.0	0.24×10^{-3}
6.0	0.15×10^{-3}
7.0	0.096×10^{-3}
8.0	0.061×10^{-3}
9.0	0.038×10^{-3}

依據上述實驗資料，若假設沉澱池進流量為 1.0 m^3/sec、懸浮微粒濃度為 2,500 mg/L 及底流（underflow）濃度為 10,000 mg/L，請推估沉澱池底部之面積為何？（20 分）

解答：

(一)

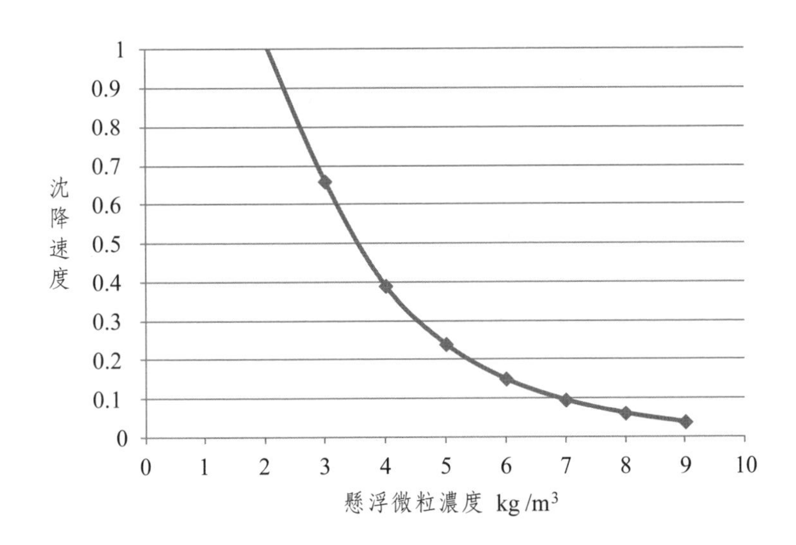

由圖可知$10000 mg/L = 10 kg/m^3$之微粒的沈降速度為$0.02 \times 10^{-3} m/sec$

再由$A = \frac{Q}{V} = \frac{1 m^3/S}{0.02 \times 10^{-3} m/s}$

$= 5 \times 10^4 m^2$……池底面積

108年專門職業及技術人員高等考試建築師、25類科技師（含第二次食品技師）考試暨普通考試不動產經紀人、記帳士考試試題　代號：00650　全一頁

等　別：高等考試
類　科：環境工程技師
科　目：給水及污水工程
考試時間：2 小時　座號：________

※注意：(一)可以使用電子計算器。
(二)不必抄題，作答時請將試題題號及答案依照順序寫在試卷上，於本試題上作答者，不予計分。
(三)本科目除專門名詞或數理公式外，應使用本國文字作答。

一、A 及 B 兩個儲水池的高程分別為 350 m 及 365 m，利用一抽水機及直徑為 500 mm，長度為 500 m 的鑄鐵管將水從 A 池抽至 B 池。假設此抽水機的特性曲線以下式表示：

$$H = 25 - 30Q^2$$

H 及 Q 分別為水頭（m）及流量（m^3/s）。
假設次要的摩擦損失及出水水頭可以忽略，主要的摩擦損失以下面的赫茲-威廉公式（Hazen-Williams Formula）計算。其中流速係數 C 假設為 100。

$$V = 0.84935 \times C \times R^{0.63} \times S^{0.54}$$

試回答下列問題：
(一)抽水機的抽水量、總揚程及水馬力數為何？（15 分）
(二)若購買相同型式的抽水機兩部且並聯操作，則此時的抽水量為何？（10 分）

解答：

(一) 1. 次要摩擦損失及出水水頭忽略下：

$$H = 25 - 30Q^2$$

$$(365-350) = 25 - 30Q^2$$

$$30Q^2 = 25 - 15 = 10$$

$$Q^2 = \frac{10}{30} = \frac{1}{3}$$

$$Q = 0.57m^3/S$$

2. $V = 0.84935 \times C \times R^{0.63} \times S^{0.54}$

$$\because R = \frac{\frac{\pi D^2}{4}}{\pi D}$$

$$\therefore V = 0.35464CD^{0.63} \times S^{0.54}$$

$$=0.35464\times100\times0.5^{0.63}\times\left(\frac{365-350}{500}\right)^{0.54}$$

$$=35.464\times0.646\times0.15$$

$$=3.45\text{m/sec}$$

$$H_1=f\frac{L}{D}\frac{V^2}{2g}$$

$$f=0.02+\frac{1}{2{,}000\times D}$$

$$=0.02+\frac{1}{2{,}000\times0.5}$$

$$=0.021$$

$$H_1=0.021\times\frac{500}{0.5}\times\frac{(3.45)^2}{2\times9.8}$$

$$=0.021\times1{,}000\times0.6$$

$$=12\text{m}$$

總揚程$H = H_1 + H_2 = 12m + (365 - 350)m = 27m$

3. 水馬力數

$$Hp=\frac{HQr}{75}$$

$$=\frac{27\times0.57\times1{,}000}{75}=205Hp$$

(二)

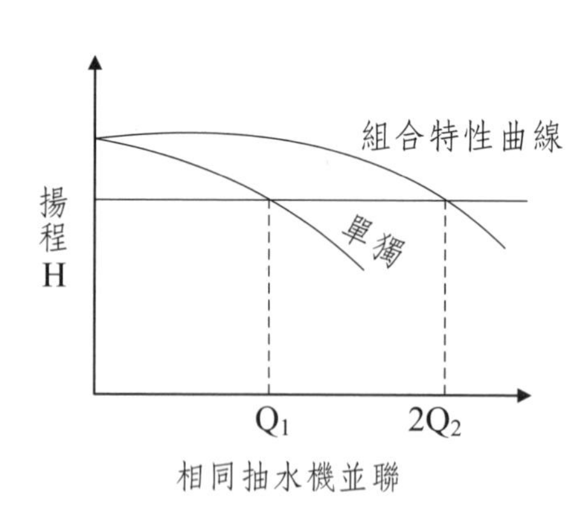

相同抽水機並聯

∴相同抽水機並聯使用時，抽水量加倍。

> **二、試說明典型都市污水處理廠的污泥種類，並繪製處理污泥的流程及說明各單元的目的。(25分)**

解答：

(一) 典型都市污水處理廠的污泥種類為：有機污泥，主要為老化的生物污泥及殘存的有機物（COD、BOD、SS）。

(二)

終沈池 ⟶ 上澄液消毒放流

└⟶ 污泥濃縮池 ⟶ 污泥消化槽 ⟶ 調理槽 ⟶ 脱水 ⟶ 污泥餅運棄

1. 污泥濃縮池：讓污泥體積變小，含水率變低。
2. 污泥消化槽：讓生物在沒有食物（BOD）下，進行體內消化，行內呼吸作用，消耗體內的細胞質，以提供細胞生存所需的能量，達到污泥減量的目的，污泥也會較安定，易脫水。
3. 污泥調理槽：加調理劑（polymer），使污泥凝聚與水分離而易於脫水。
4. 污泥脫水：以污泥脫水機或曬乾床，讓污泥含水率降低，形成污泥餅，減運棄運費及處理費。

> **三、以傳統 AO 生物程序（Anoxic-Oxic Process）處理含氨氮廢水與厭氧氨氧化程序（Anaerobic ammonium oxidation, ANAMMOX）處理含氨氮廢水各有其優缺點，試回答下列問題：**
> **(一)試繪製 AO 生物程序處理含氨氮廢水流程圖，並說明各單元的功能。(10分)**
> **(二)試說明如何以 ANAMMOX 程序處理含氨氮廢水，並說明 ANAMMOX 程序的優點及最適合 ANAMMOX 菌生長之條件。(15分)**

解答：

(一) AO生物程序：

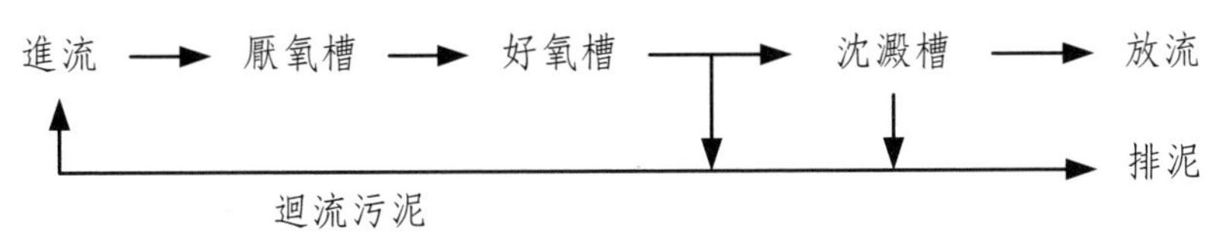

好氧槽行硝化功能：$NH_3 \rightarrow NO_2^- \rightarrow NO_3^-$

厭氧槽行脫硝功能：$NO_3^- \rightarrow NO_2^- \rightarrow N_2O \rightarrow N_2$

(二) 1. 厭氧氨氧化程序，厭氧氨氧化微生物以亞硝酸氮為電子接受者，並透過代謝，將氨氮在無氧條件下轉換為氮氣。

2. 有別於傳統硝化脫氮程序，污泥產量少且比較省動力，不需曝氣，此類型微生物的生長代謝速率極低，對有機物及溶濃度等環境條件，非常敏感。

3. 最適合ANAMMOX菌條件為 DO < 0.5mg/L
溫度35～40℃
C/N < 0.5
pH 7.5～8.5

四、除了以化學還原法利用還原劑將電鍍廢水中的六價鉻還原成三價鉻離子，接著於高pH值下，使三價鉻形成氫氧化鉻沉澱去除外，也可利用鐵為犧牲電極的電化學處理方法完全去除廢水中的六價鉻。試回答下列問題：

㈠說明電化學處理六價鉻方法中陽極及陰極可能發生的反應，並說明六價鉻於電化學處理系統中被去除的主要機制。(10分)

㈡若一電鍍工廠產生50 CMD含六價鉻廢水的濃度為26 mg Cr^{6+}/L。試設計一電化學處理程序（包含單元體積及電化學操作需要的電流值等）。假設該處理程序每日運轉8小時。(15分)(Cr原子量：52)

解答：

(一) 1. 陽極：鐵為犧牲電極，會解離成為二價Fe^{++}，與水中OH^-形成$Fe(OH)_4^-$及$Fe(OH)_3$膠羽，Cr^{+6}會被$Fe(OH)_4^-$或$Fe(OH)_3$膠羽吸附後再伴隨膠羽共同沈澱後形成污泥而經沈澱池排泥去除。

陰極：Cr^{+6}會由下式反應形成$Cr(OH)_3$之污泥而去除

$$Cr_2O_7^{-2} + 6e^- + 7H_2O \rightarrow 2Cr^{+3} + 14OH^- \rightarrow Cr(OH)_3 \downarrow$$

2. Cr^{+6}在電化學處理系統中，主要去除機制為在陰極中被還原成Cr^{+3}，再與OH^-形成$Cr(OH)_{3(s)} \downarrow$之污泥而沈降去除。

(二) 電鍍單元之水利停留時間為10mins

單元體積 $V = Q \times T = 50m^3/D \times \dfrac{10mins}{8hr \times 60mins/hr} D = 1m^3$

操作電流=$180A/m^2$

代號：00650
頁次：3-1

107年專門職業及技術人員高等考試
建築師、技師、第二次食品技師考試暨
普通考試不動產經紀人、記帳士考試試題

等　　別：高等考試
類　　科：環境工程技師
科　　目：給水及污水工程
考試時間：2小時　　　　座號：＿＿＿＿＿＿

※注意：(一)可以使用電子計算器。
(二)不必抄題，作答時請將試題題號及答案依照順序寫在試卷上，於本試題上作答者，不予計分。
(三)本科目除專門名詞或數理公式外，應使用本國文字作答。

一、利用馬達將分水井中的原水輸送至沉砂池中進行處理，相關資料如下所示：

1. 高程：

分水井底高程（EL.）為 0.00 m
分水井水面平均高程（EL.）為 2 m
抽水機中心軸高程（乾井，Dry Pump）中心點高程（EL.）為 1 m
沉砂池水面平均高程（EL.）為 15 m

2. 管線與相關閥件：

從分水井至馬達端所需的管線與相關閥件數量如下，管線直線距離可忽略不計：

項目	C（管線）或 K（閥件等次要損失）	長度（m）或個數
管徑 D 為 450 公釐（mm）	100	0
底閥	0.20	2
90°彎頭（Elbows）	0.30	1
減縮管	0.20	2
逆止閥	2.50	1
三向閥	1.80	1
吸水口（Suction Bell）	0.10	1

從馬達到沉砂池端所需的管線與相關閥件：

項目	C（管線）或 K（閥件等次要損失）	長度（m）或個數
管徑 D 為 750 公釐（mm）	100	100
蝶閥（Plug valve）	1.00	1
90°彎頭（Elbows）	0.30	2
45°彎頭（Elbows）	0.25	2
分水閥（Wye branch）	0.40	1

3.相關計算公式：

$$h_f = 6.82(\frac{V}{C})^{1.85} \times \frac{L}{D^{1.167}}$$（主要損失）　$$h_v = \frac{V^2}{2g}$$（速度水頭）

$$h_m = K \times \frac{V^2}{2g}$$（次要損失）

單位：Q 為 m^3/s；V 為 m/s；C 為粗糙係數；h_f、h_m、h_v、D、L 皆為 m

4.抽水機馬達之特性曲線：

水頭（m）	流量（m^3/s）
20	0
15	0.30
10	0.45
5	0.50

請針對以下問題進行作答：

㈠請繪出此一系統，包含分水井、馬達、沉砂池等之簡易配置圖並標示高程。(5 分)

㈡請畫出系統水頭曲線（10 分）與抽水機率定曲線。(5 分)

㈢請說明操作抽水量與抽水機台數及其配置。(5 分)

㈣請計算在此操作水量下，所需理論抽水機動力。(5 分)

解答：

(一) 簡易配置圖：

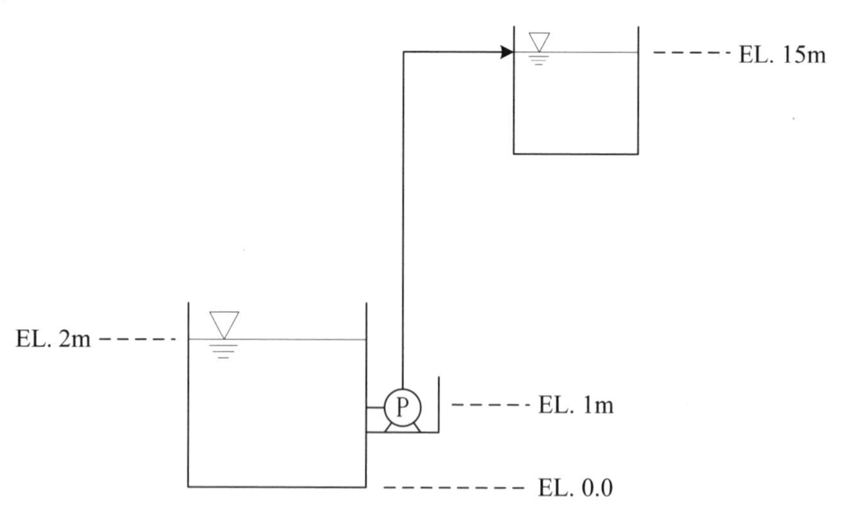

(二) 抽水機之系統水頭曲線：

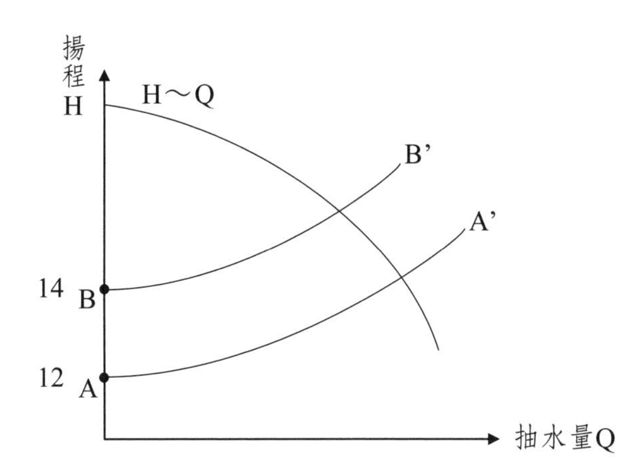

A：最低淨揚程

B：最高淨揚程

抽水量增加，各種損失水頭亦加大

抽水機實際操作範圍在AA'與BB'之間。

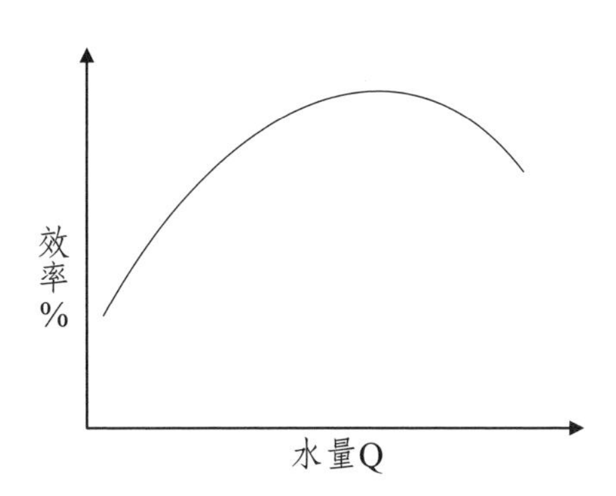

抽水機水量太大或揚程太高，效率都降低。

(三)

1. 由抽水機入水端管徑450mm，而出水端管徑為750mm，可知現場配置為多台抽水機並列配置，為增加出水量，所以出水端管徑才會變大。

2. 由$Q=VA=V\frac{\pi D^2}{4}$

假設出入口管中流速V一樣，$V_1=V_2$

$$\frac{Q_2}{Q_1}=\frac{V_2}{V_1}\times\frac{\frac{\pi D_2^2}{2}}{\frac{\pi D_1^2}{4}}$$

$$=\frac{D_2^2}{D_1^2}=\frac{(750)^2}{(450)^2}=2.78$$

由出入水量可知，現場有3台抽水機並聯，

由$hm=K\frac{V^2}{2g}$，假設V=1m/s

入水端

$$h_m=(0.2\times2+0.3\times1+0.2\times2+2.5\times1+1.8\times1+0.1\times1)\times\frac{1^2}{2\times9.8}$$

$$=5.5\times\frac{1}{19.6}=0.28m$$

出水端

$$h_r=6.82\left(\frac{V}{C}\right)^{1.85}\times\frac{L}{D^{1.167}}$$

$$=6.82\left(\frac{1}{100}\right)^{1.85}\times\frac{100}{(0.75)^{1.167}}$$

$$=1.36\times10^{-3}\times140$$

$$=0.19m$$

$$h_m=(1\times1+0.3\times2+0.25\times2+0.4\times1)\times\frac{1^2}{2\times9.8}$$

$$=2.5\times\frac{1}{19.6}=0.13m$$

$$h_v=\frac{V^2}{2g}=\frac{1}{2\times9.8}=0.05m$$

$\therefore$總揚程 = 最大淨揚程 + 入水端h_m + 出水端h_f + h_m + h_v

= 14m + 0.28m + 0.19m + 0.13m + 0.05m

= 14.65m

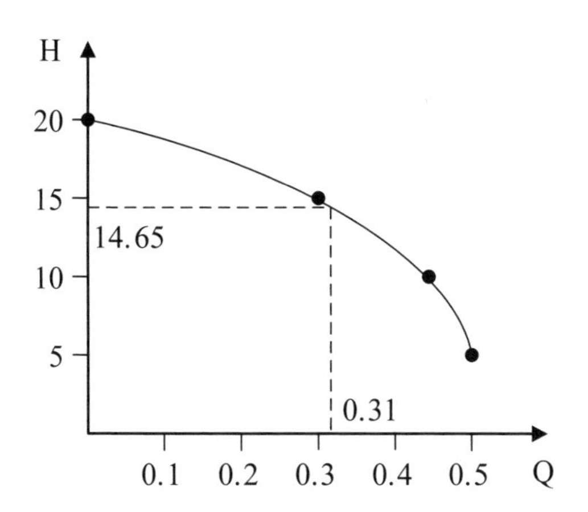

由抽水機H～Q曲線求得，總揚程為14.65m時，出水水量為$0.31m^3/s$。

(四) 抽水機動力

$$=\frac{HQr}{750}=\frac{14.65m\times 0.31m^3/s\times 9{,}800N/m^3}{750}$$

$=60Hp$

二、利用陽離子交換程序處理廢水中的鎘離子[Cd(II)]，在管柱中裝填 1 公斤陽離子交換樹脂後，通入含有固定初始濃度為 5 mg/L 之 Cd(II)廢水溶液並在管柱出口處量測 Cd(II)濃度，如下表所示。已知 Cd(II)的放流水標準為 0.03 mg/L，請繪製陽離子交換貫穿曲線並在圖上標示代表被交換去除量之區域（5 分）及評估應用此種陽離子交換樹脂處理 Cd(II)的操作容量（以當量表示）。（15 分）

（鎘原子量為 112 g/mol）

流經體積（V）公噸（m^3）	5	10	15	20	25	30	35	40	45	50	55
出口處 Cd(II)濃度 mg Cd(II)/L	0	0	0	0	0.01	0.03	0.1	1.34	2.65	4.1	5

解答：

(一) 理論水馬力：

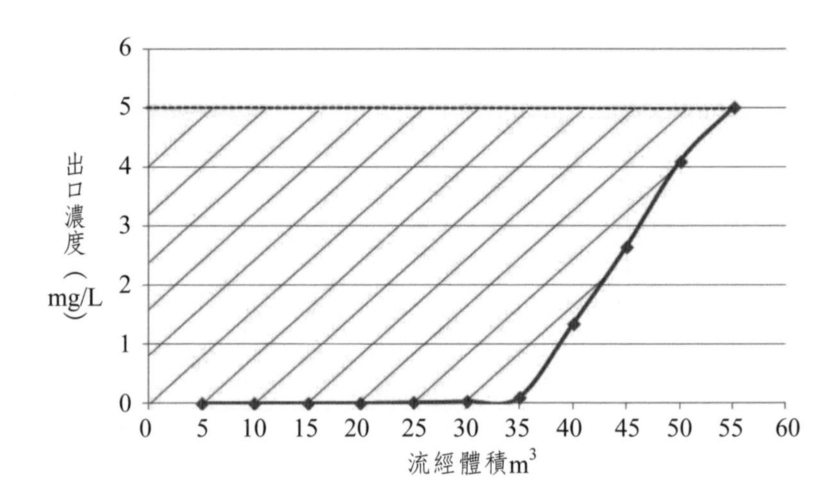

上圖斜線部份代表被交換去除量

(二) 樹脂操作容量：

$$5\text{mg/L}\times 20\text{m}^3+\frac{(5+4.99)\text{mg/L}\times 5\text{m}^3}{2}+\frac{(4.99+4.97)\text{mg/L}\times 5\text{m}^3}{2}$$

$$+\frac{(4.97+4.9)\text{mg/L}\times 5\text{m}^3}{2}+\frac{(4.9+3.66)\text{mg/L}\times 5\text{m}^3}{2}$$

$$+\frac{(3.66+2.35)\text{mg/L}\times 5\text{m}^3}{2}+\frac{(2.35+0.9)\text{mg/L}\times 5\text{m}^3}{2}+\frac{(0.9)^2\times 5}{2}$$

$= 100\text{g} + 24.97\text{g} + 24.9\text{g} + 24.68\text{g} + 21.4\text{g} + 15\text{g} + 8.1\text{g} + 2.25\text{g}$

$= 221.3\text{g}$

$$\frac{221.3\text{g}}{112\text{g/mol}}=1.98\text{mole}$$

∴樹脂操作容量為每公斤1.98mole之(CdⅡ)

三、利用生物活性污泥法處理初級沉澱池出流水使二級沉澱池出流之 BOD_5 為 5 mg/L，請依以下數據設計污泥停留時間（5 分）、污泥產量/廢棄量（5 分）、污泥迴流率（5 分）、食微比（5 分）及說明此生物處理系統對於微量的新興污染物（如環境荷爾蒙）之主要去除機制（5 分）。
補充數據：
$Q=4000$ CMD(m^3/day)；進流 $BOD_5=200$ mg/L；MLSS＝2500 mg/L；$Y=0.5$ g MLVSS/g BOD_5；$k_d=0.06\ day^{-1}$；$k=5\ day^{-1}$；$K_S=50$ mg BOD_5/L；MLVSS/MLSS=0.8；迴流污泥濃度=10000 mg/L。

解答：

(一) 污泥停留時間：

$$由\mu=\frac{K\times S}{K_S+S}=\frac{5\times 5}{50+5}=0.45$$

再由$\mu=\frac{1}{\theta_c}$，求得污泥停留時$\theta_c=2.2$天

(二) 污泥產量／廢棄量：

$$由\mu=\frac{1}{\theta_c}=Y\times U-K_d=Y\times\frac{Q\times 進流\ BOD}{MLSS\times V}-K_d$$

$$\therefore 0.45=0.5\times\frac{4{,}000m^3/D\times 200mg/L}{2{,}500mg/L\times 0.8\times V}-0.06$$

$$0.51=0.5\times\frac{400}{V}$$

生物曝氣池體$V=392m^3$

$$絕乾污泥產量=\frac{2{,}500mg/L\times 392m^3\times 10^{-3}}{2.2\ 天}=445kg/D$$

$$含水率80\%之污泥產量=\frac{445kg/D}{(1-80\%)}=2{,}225kg/D$$

(三) 污泥回流率

$$由C_A=C_r\times\frac{r}{1+r}$$

$$2{,}500mg/L=10{,}000mg/L\times\frac{r}{1+r}$$

$$0.25=\frac{r}{1+r}$$

迴流率r = 0.33 = 33%

(四) 食微比

$$F/M = \frac{4{,}000m^3/D \times 200mg/L}{2{,}500mg/L \times 0.8 \times 392m^3} = 0.102$$

(五) 新興污染物對活性污泥池中的微生物都是有毒性，不易生物分解的，本系統藉由污泥停留時間較短，大量排泥，把生物不易分解而吸附在生物體內的新興污染物排掉。

四、因部分地區之下水道普及率不高導致水肥仍須委由水肥車抽出後運送委外處理。但是目前各縣市未全面設有水肥處理廠，因此必須委由民生生活污水廠或是工業區事業廢水處理廠進行處理以解決問題，請說明：
㈠水肥若未經處理而排放至河川水體，對於河川污染指標（River Pollution Index）與水質的影響。（5分）
㈡水肥委由民生生活污水廠或是工業區事業廢水處理廠進行處理時，對原處理水之放流水水質與承受水體河川所造成的影響。（5分）
㈢若委託具有活性污泥二級生物處理之民生生活污水廠代為處理水肥，則水肥投入點及處理單元與設備應如何調整或是新增設備以減輕對原處理單元之負荷及降低污水廠鄰近民眾的抱怨，請設計一具有活性污泥二級生物處理程序之民生生活污水廠並加入水肥處理流程以說明之。（15分）

解答：

(一) 會使河川污染指標中的BOD、SS、NH_3–N濃度上昇，DO也因而下降，水質就會變差。

(二) 水肥投入點為污泥濃縮槽，污泥濃縮槽應加大，後端的污泥消化槽，污泥調理槽及污泥脫水設備都應加大。

(三) 處理流程

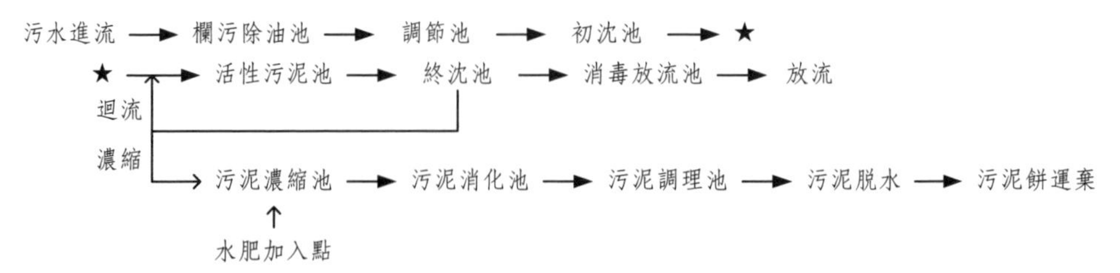

106年專門職業及技術人員高等考試建築師、技師、第二次食品技師考試暨普通考試不動產經紀人、記帳士考試試題　代號：00650　全一張（正面）

等　別：高等考試
類　科：環境工程技師
科　目：給水及污水工程
考試時間：2小時　座號：＿＿＿＿＿＿

※注意：㈠可以使用電子計算器。
㈡不必抄題，作答時請將試題題號及答案依照順序寫在試卷上，於本試題上作答者，不予計分。
㈢本科目除專門名詞或數理公式外，應使用本國文字作答。

一、有一抽水系統，設計抽水量為 3.0 m^3/min，總動水頭為 35 m，假定抽水機效率為 80%，試求：
㈠理論水馬力。（5 分）
㈡抽水機制動馬力。（5 分）
㈢請說明抽水機親和定律為何。（5 分）

解答：

(一) 理論水馬力：

$$HQr=\frac{35m\times 3.0m^3/min\times\frac{1}{60}min/sec\times 9{,}800N/m^3}{750}=22.87HP$$

(二) 制動馬力：

$$\frac{\text{理論水馬力}}{\text{抽水機效率}}=\frac{22.87HP}{80\%}=28.59HP$$

取30HP（市場有的規格品）

(三) 親和定律（Affinity Law）

同一種離心式抽水機，在口徑D不變，不同轉速N下，抽水量Q、揚程H，使用動力P與轉速之關係如下：

$$\frac{Q_1}{Q_2}=\frac{N_1}{N_2}$$

$$\frac{H_1}{H_2}=\frac{N_1^2}{N_2^2}$$

$$\frac{P_1}{P_2}=\frac{N_1^3}{N_2^3}$$

親和定律可用來檢討改變轉速N後，對抽水量、揚程及使用動力之影響。

二、由於氣候變遷，目前臺灣各地經常面臨強降雨的情況。今有一雨水下水道管，其管長 1,200 公尺、管內流速 1 m/s、流入時間為 5 分鐘及逕流係數為 0.8 時，如自 1900 年至 2000 年之水文資料推估暴雨率式為 I=3,000/（t+35），而 2001 年之後暴雨率式為 I=6,000/（t+35），試問：
(一) 1990 年時每公頃有多少逕流量？（3 分）
(二) 2020 年時每公頃有多少逕流量？（3 分）
(三)如採逕流抑制型下水道系統設計使逕流係數降至 0.4，則 2020 年時每公頃有多少逕流量。（4 分）
(四)請說明有那些逕流抑制構造。（5 分）

解答：

(一) I = 3000/5 + 35 = 75mm/hr

Q = 1/360CIA

= 1/360×0.8×75mm/hr×1公頃

= 0.17m^3/sec

(二) I = 6000/5 + 35 = 150mm/hr

Q = 1/360CIA

= 1/360×0.8×150mm/hr×1公頃

= 0.34m^3/sec

(三) 2020年之I = 150mm/hr

Q = 1/360CIA

= 1/360×0.4×150mm/hr×1公頃

= 0.17m^3/sec

(四) 1. 透水式植草磚。
2. 階梯式緩坡。
3. 湖泊、水庫等貯留水設施。
4. 砂礫透水設施。
5. 植草坪、種樹吸收逕流水。

三、我國下水道設計時 BOD 濃度之設計值為 180-220 mg/L，惟目前多數污水廠之進流水均未達 100 mg/L，試說明：
(一) BOD 偏低可能的原因為何？（5 分）
(二) BOD 偏低將造成什麼結果？（5 分）
(三)如何解決？（10 分）

解答：

(一) 因地下之下水道管線老舊，又因台灣地震頻繁，造成管線接管彎頭處大量滲入地下水，將BOD稀釋了。

(二) 因$F/M = 0.2 \sim 0.4 = \dfrac{BOD \times Q}{MLSS \times V}$

在進流量Q及生物曝氣池體積V固定下，BOD值愈小，MLSS就愈小，所以BOD偏低，將便生物曝氣池中的微生物濃度偏低，污泥會膨化解體上浮，造成沈澱池沈澱效果不佳，出水水質惡化。

(三) 解決方法：

1. 下水道管線整修，內襯具彈性的PU材質內膜，使地下水不會再滲入管線。
2. 減少曝氣池的曝氣風量或減少曝氣時間或間歇曝氣。

四、有一每日處理量為 48,000 CMD 之活性污泥槽，其曝氣池體積合計為 12,000 m³，MLSS 為 2,000 mg/L；沉澱池體積合計 4,000 m³，MLSS 為 8,000 mg/L，每天自沉澱池排泥量 1,000 m³，沉澱池出流水之 SS 為 5 mg/L，取一升曝氣池污泥沉降半小時後之體積為 300 mL，污泥原含水率 99%、經重力濃縮及離心脫水後含水率降至 75%，試問：
(一)水力停留時間為多少小時。（4 分）
(二) SVI 為多少 mL/g。（4 分）
(三)污泥經離心脫水後體積為多少 m³。（4 分）
(四)污泥停留時間為多少天。（4 分）
(五)如以污泥停留時間來看，請說明此污泥是否具有硝化能力。（4 分）

解答：

(一) 曝氣池水力停間：

$$\frac{V}{Q} = \frac{12{,}000m^3}{48{,}000m^3/D} \times 24hrs/D = 6hrs$$

沈澱池水力停留時間：

$$\frac{V}{Q}=\frac{4{,}000m^3}{48{,}000m^3/D}\times 24hrs/D=2hrs$$

(二) $SVI=\frac{30min\ 沈澱率（\%）\times 10^4}{MLSS(mg/L)}$

$$=\frac{\frac{300}{1{,}000}\times 100\times 10^4}{2{,}000}$$

$= 150$

(三) $\frac{1{,}000m^3/D\times(1-99\%)}{V}=(1-75\%)=25\%$

$\therefore V = 40m^3/D$

(四) $SRT=\frac{曝氣池\ MLSS+沈澱池\ MLSS}{出流水\ SS+排泥量}$

$$=\frac{2{,}000mg/L\times 12{,}000m^3+8{,}000mg/L\times 4{,}000m^3}{5mg/L\times 48{,}000m^3/D+8{,}000mg/L\times 1{,}000m^3/D}$$

$$=\frac{56\times 10^6}{8.24\times 10^6}$$

$= 6.8$天

(五) 污泥硝化時間約5～7天

SRT = 6.8天，已具硝化能力

五、有一進水量 48,000 CMD 的水再生廠擬用快砂濾池+MF+RO 程序進行處理，其溶解性 BOD 為 25 mg/L，SS 為 20 mg/L，導電度為 350 μS/cm，如快砂濾池之濾速為 300 $m^3/m^2\cdot day$，SS 去除率為 95%，產水率 99%；MF 通量為 20 LMH，SS 去除率為 99%，產水率 95%；RO 產水率為 75%，脫鹽率為 99.9%，通量為 20 LMH，請問：

㈠快砂濾池之表面積為多少 m^2。(4 分)

㈡ MF 膜所需面積為多少 m^2。(4 分)

㈢ RO 膜所需面積為多少 m^2。(4 分)

㈣ RO 處理後之導電度為 μS/cm。(4 分)

㈤整廠產水量為多少 CMD。(4 分)

解答：

(一) $A=\dfrac{Q}{\text{濾速}}=\dfrac{48{,}000m^3/D\times 99\%}{300m^3/m^2\cdot D}=158.4m^2$

(二) 通量LMH = $L/m^2\cdot hr$

$$A=\frac{48{,}000m^3/D\times 95\%}{20L/m^2\cdot hr\times 10^{-3}m^3/L\times 24hrs/D}=95{,}000m^2$$

(三) 通量LMH = $L/m^2\cdot hr$

$$A=\frac{48{,}000m^3/D\times 75\%}{20L/m^2\cdot hr\times 10^{-3}m^3/L\times 24hrs/D}=75{,}000m^2$$

(四) $350\mu s/cm\times(1-99.9\%)=0.35\mu s/cm$

(五) $48000CMD\times 99\%\times 95\%\times 75\%=33858CMD$

六、我國於民國 104 年通過再生水資源發展條例，規定如有缺水之虞地區需使用一定比例再生水。目前再生水來源可分為工業區綜合廢水處理廠及都市污水處理廠的系統再生水，以及工業用水大戶及都市用水大戶的非系統再生水等四股水源，並以推動再生水供應為工業用水為主。試問：

㈠我國可能的缺水地區為何？（5 分）

㈡如以供水量及產水成本考量，上述四股水產製再生水的優先順序為何？（5 分）

解答：

(一)

1. 中南部地區降雨量較少是可能缺水地區。
2. 竹科及南科有高科技大廠是用水大戶，也可能造成缺水。

(二) 優先順序為：

1. 工業用水大戶。
2. 都市用水大戶。
3. 都市污水處理廠。
4. 工業區綜合廢水處理廠。

105年專門職業及技術人員高等考試建築師、技師、第二次食品技師考試暨普通考試不動產經紀人、記帳士考試試題　代號：00650　全一張（正面）

等　　別：高等考試
類　　科：環境工程技師
科　　目：給水及污水工程
考試時間：2小時　　座號：＿＿＿＿＿＿＿＿

※注意：(一)可以使用電子計算器。
(二)不必抄題，作答時請將試題題號及答案依照順序寫在試卷上，於本試題上作答者，不予計分。

一、某廠進水設施擬採用管徑(Φ800 mm，外徑 842 mm)的鑄鐵輸水管線抽送 30,000 CMD 水量至 15 km 外的配水池。輸水管線每公尺管重 414 kg，管溝開挖寬$(\frac{4}{3}D'+30)$cm，D'為管外徑(cm)。其中配水池與抽水井平均水位差為 50 m，S 為摩擦坡降(m/km)，可用赫茲威廉公式 $V=0.35464CD^{0.63}S^{0.54}$ 估計，其中 C＝摩擦係數＝100，D 為管內徑(m)，且可忽略次要損失。抽水機馬力 HP＝QH/75E，其中 E 為抽水機效率，設為 75%，Q 之單位為ℓ，H 之單位為 m。試計算此輸水工程建設費用（萬元）？（25分）

所需附屬設備及工程項目費用參考如下：

項目	費用（元）
5 個空氣閥	10,000/個
3 個排泥閥	40,000/個
1 個公路交叉工	20,000/個
鑄鐵管	10,000/噸
抽水機	10,000/HP
電力費	1 KW/hr
土工費	$50/m^3$

解答：

(一) 建設費

1. 土工費

管溝開挖寬 = (4/3D’ + 30)cm
= (4/3×84.2 + 30)cm
=143cm

設埋管之覆土深度為1m

則開挖深度為1.842m

開挖土方為 = 1.43m × 1.84m × 15000m = 39468m^3

土工費 = 50元/m^3 × 39468m^3 = 1,973,400元

2. 鑄鐵管費

10,000元／噸 × 414kg/m × 1500m × 10^{-3}噸／kg = 62,100,000元

3. 抽水機費

Q = 30000CMD = 347L/sec

Hp = QH/75E

= 347L/sec × 50m/75 × 75%

= 308HP

10,000元/HP × 308Hp

= 3,080,000元

4. 空氣閥

10,000元／個 × 5個 = 50,000元

5. 排泥閥

40,000元／個 × 3個 = 120,000元

總建設費 = 50,000元 + 120,000元 + 20,000元 + 1,973,400元 + 62,100,000元 + 3,080,000元 = 6,734萬元

(二) 每日操作電費

$V = 0.35464\ CD^{0.63}S^{0.54}$

$= 0.35464 \times 100 \times 0.8^{0.63} \times 50/15000^{0.54}$

$= 00.35464 \times 100 \times 0.86 \times 0.045$

= 01.4m/sec

管子可承受的水流量：

Q = AV = π/4$(0.8)^2$ × 1.4m/sec = 0.7m^3/sec

30000m^3 ÷ 0.7m^3/sec = 42857sec = 11.9hrs

每日電費

308HP × 0.75KW/HP × 11.9hrs／日 × 1元／KW.hr = 2749元／日

二、土壤蒸氣萃取法（soil vapor extraction）在設計上，其單位井篩長度之氣體流量(Q/H)與操作井之半徑大小(R_w)及其真空壓力(P_w)之關係，可以下式估計：

$$\frac{Q}{H}=\pi\frac{k}{\mu}P_w\frac{\left(1-(P_{atm}/P_w)^2\right)}{\ln(R_w/R_i)}$$

式中，k 為土壤氣體滲透度（permeability），μ 為黏滯度，R_i 為井之影響圈半徑，P_{atm} 為大氣壓力。若一污染場址估計有 5,000 kg 之 BETX 在未飽和之砂土中（其組成與特性如下表所示），若欲應用土壤蒸氣萃取法來進行整治，請估計將 BETX 完全清除所需花費之時間為多少？（已知該砂土之氣體滲透度為 10 darcys 或 1×10^{-7} cm^2，操作井之半徑為 5.1 cm，井篩長 2 m，此井當其真空壓力控制於 0.9 atm 時其影響圈半徑為 12 m；20℃時空氣之黏滯度為 1.8×10^{-4} g/cm-s）（25 分）

	Benzene	Ethylbenzene	m-Xylene	Toluene
重量%	11%	11%	52%	26%
蒸氣壓(20°C)(atm)	0.10	0.0092	0.0080	0.029

解答：

已知$K = 1\times10^{-7}cm^2$

$R_W = 5.1cm = 0.051m$

$R_i = 12m$

$H = 2m$

$P_W = 0.9atm$

$\mu = 1.8\times10^{-4}g/cm\cdot s$

$P_{atm} = 0.1\times11\% + 0.0092\times11\% + 0.008\times52\% + 0.029\times26\%$

$= 0.011 + 0.001012 + 0.00416 + 0.00754$

$= 0.0237atm$

由公式

$$\frac{Q}{2}=\pi\frac{1\times10^{-7}}{1.8\times10^{-4}}\times0.9\times\frac{[1-(0.0237/0.9)^2]}{\ln(0.051/2)}$$

$$=\pi\times5.5\times10^{-4}\times0.9\times\frac{1-0.00069}{-5.46}$$

$$=-2.8\times10^{-4}$$

$\therefore Q = -5.6\times10^{-4}g/sec$

Ans：$T = 5000kg\times10^3g/kg\div(5.6\times10^{-4})g/sec= 8.9\times10^9sec = 282$年

三、氮污染近期已經開始加強管制。
㈠請說明現在的管制對象範圍及限值。(7分)
㈡請說明氮在生活污水中的存在形態主要包括那幾類及其各別之濃度範圍。(9分)
㈢生活污水若以生物處理氮成分，可以採用那些技術？(請列出兩種，說明其原理並附簡圖)(6分)
㈣請說明設計生物處理氮成分應該注意那些基本參數(分別說明影響硝化及影響脫硝之因素各兩項)及其範圍。(8分)

解答：

(一) 水質、水源保護區域要進農田灌溉渠道搭排之水都需管制氮、磷濃度，氮濃度的限值為10mg/L以下。

(二) 硝酸鹽氮（NO_3^-）：50～100mg/L
氨氮（NH_4^+）：10～20mg/L

(三)

1. A_2O法：

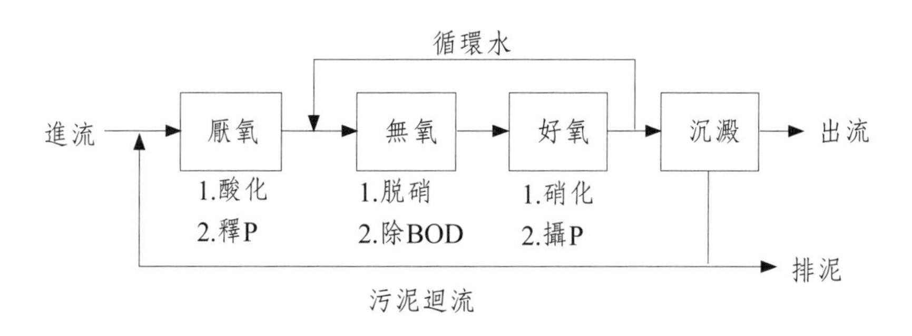

$NH_4^+ \rightarrow NO_2^- \rightarrow NO_3^- \rightarrow N_2O \rightarrow N_2$
先硝化再脫硝

2. SBR法
進流→SBR池→出流
為間歇式曝氣法，SBR池兼具生物曝氣池及沉澱池使用，曝氣時行硝化功能，未曝氣時當脫硝及沉澱池功能，沉澱後排除上澄液及部分過多之污泥。

(四) 硝化：DO > 2mg/L

ORP > 40mv

脫硝：DO < 0.5mg/L

ORP = −100mv

脫硝菌需較高的BOD維生

> **四、有一化學快混池其處理水量為 100,000 CMD。**
> **(一)請設計槽體。(7 分)**
> **(二)若採用電動機攪拌，其減速機效率為 n=80%，電動機效率為 90%，請計算所需馬力(HP)。(6 分)**
> **(三)假設黏滯係數 u 為 1.0 CP，請以 G 值驗證設計馬力(HP)。(7 分)**

解答：

(一) 設快混池水力停留時間為5mins

$$V=\frac{100000\,m^3/D}{24\times60}\times5=347m^3$$

設有效水深為3m

$A = 347/3 = 115m^2$

設成兩池

$$\sqrt{\frac{115}{2}}=7.6m$$

∴快混池尺寸為$7.6m^L\times7.6m^W\times3m^H\times2$池

(二) 設每sec攪拌每m^3之水

需動力3KW

$$\frac{100000}{24\times60\times60}\times3=3.5KW$$

$$\frac{3.5KW}{80\%\times90\%}=4.8KW$$

$$\frac{4.8KW}{0.75KW/HP}=6.5HP$$

故選市面有的規格品7.5HP

(三)

$$G=\sqrt{\frac{P}{V\mu}}$$

$$=\sqrt{\frac{7.5HP\times750W/HP\times80\%\times90\%}{347\times1\times10^{-3}}}$$

$$=108\ 1/sec$$

$$Gt值=108\times\frac{347\times86400}{100000}=3.2\times10^{4}\cdots\cdots OK$$

合理Gt值$2\times10^{4}\sim2\times10^{5}$

104年專門職業及技術人員高等考試建築師、技師、第二次食品技師考試暨普通考試不動產經紀人、記帳士考試試題

代號：00650 全一張（正面）

等　別：高等考試
類　科：環境工程技師
科　目：給水及污水工程
考試時間：2 小時

座號：__________

※注意：㈠可以使用電子計算器。
㈡不必抄題，作答時請將試題題號及答案依照順序寫在試卷上，於本試題上作答者，不予計分。

一、請詳述給水（地面水源）與家庭污水處理時：
㈠比較污泥產生來源與性質。（6 分）
㈡比較污泥處理方法。（8 分）
㈢分別舉例說明此兩類污泥處理後，固、液或氣態物之再利用方式。（6 分）
（建議以表格方式作答，如下）

子題號	給水處理	污水處理
㈠		

解答：

子題號	給水處理	污水處理
(一)污泥產生來源	淨水處理廠之化學沉澱	污水處理廠之生物沉澱池
污泥性質	化學性污泥	生物性污泥
(二)污泥處理方法	以板框式污泥壓濾機處理	以帶濾式污泥脫水機處理
(三)污泥處理後固態再利用方式	加水泥固化當消波塊或舖地面	當有機肥
污泥處理後液態再利用方式	回收污泥中的鋁鹽	當液態有機肥
污泥處理後氣態再利用方式	無氣態物質產生	厭氧消化產生沼氣（CH_4）當燃料

二、水處理工程之沉澱處理，混凝沉澱之溢流率可採用 20-40 m/d。
(一)何謂溢流率？並以公式表示之。（4 分）
(二)試從流體力學觀點，說明混凝作業為何有助於沉澱？（6 分）
(三)何謂破壞膠體穩定？（4 分）
(四)假設矩形沉澱池之長度須大於寬度之 3 倍，試設計處理水量 4800 CMD 之沉澱池。（6 分）

解答：

(一) 沉澱池單位面積每天可流過的污水量稱溢流率：$\frac{\text{流量 Q m}^3\text{/D}}{\text{面積 A m}^2}$

(二) 1. 混凝可打破膠體的穩定，降低粒子間的斥力。
2. 高福祿數，低雷諾數，即可不易發生短流，且可避免亂流，有助於沉澱（靠減少水力半徑）。

(三) 靠以下機制破壞膠體穩定
1. 壓縮電雙層。
2. 吸附及電性中和。
3. 吸附及架橋作用。
4. 沉澱伴除作用。

(四) 設沉澱溢流率為30m/D
$A = 4800\text{m}^3/\text{D} \div 30\text{m/D}$
$= 160\text{m}^2$
設$L = 3W$
$160\text{m}^2 = 3W \times W$
$W = 7.4\text{m}$
$L = 22.2\text{m}$
設池深3.5m（有效水深3m）
水力停留時間 $= \frac{160\text{m}^2 \times 3\text{m}}{480\text{m}^3/\text{D}} = 0.1\text{D} = 2.4\text{hrs}$……OK
∴沉澱池尺寸：$22.2\text{m}^L \times 7.4\text{m}^W \times 3.5\text{m}^H$

三、給水與污水工程規劃設計之常見公式或相關定律，包含 Chick's law、Darcy-Weisbach formula、Michaelis-Menten equation、Monod equation、Hazen-Williams formula、Hardy-Cross method formula、Henry's law、Manning formula、Rational method formula 與 velocity gradient，方程式如下所示（未照次序）：

$G=(P/\mu V)^{1/2}$　$h_f=f(L/D)(v^2/2g)$　$H=KQ^n$　$Nt=N_0\,e^{-kt}$　$P=k_H\,C$　$Q=0.278\,C\,I\,A$

$\mu=\mu_{max}([S]/(Ks+[S]))$　$v=v_{max}([S]/(K_M+[S]))$　$v=0.849\,C\,R^{0.63}S^{0.54}$　$v=(1/n)\,R^{2/3}S^{1/2}$

請依照上述英文名稱，依序分別列出對應之方程式，並說明其在給水或污水工程之用途。（20 分）

解答：

1. Chick's law: $N_t = N_o e^{-kt}$

   N_t：經過t時間後細菌濃度

   N_o：最初細菌濃度

   K：細菌減衰常數，以e為底

   計算殺菌後殘留細菌濃度

2. Darcy-Weisbach formula:

   $Hf = f(L/D)(V^2/2g)$

   hf：直管之水頭損失

   f：摩擦係數

   L：直管長度

   D：管徑

   V：流速

   g：動力加速度

   計算直管中液體之水頭損失

3. Micalis-Menten equation:

   $V = V_{max}\{[S]/(K_M + [S])\}$

   V：微生物之生長速率

   V_{max}：微生物最大生長速率

   [S]：基質濃度

   K_M：生長速率常數

當$V = 1/2V_{max}$時$[S] = K_M$

計算微生物生長速率

4. monod equation:

$\mu = \mu_{max}\{[S]/(K_S + [S])\}$

μ：比生長率

μ_{max}：最大比生長率

$[S]$：基質濃度

K_S：比生長率速率常數

當$\mu = 1/2\mu_{max}$時$[S] = K_S$

計算微生物比生長率

5. Hazen-Williams formula

$V = 0.849CR^{0.63}S^{0.54}$

V：滿管時管線中之流速

C：流速係數，C = 100～130，依管線材質及使用年限而異

R：水力半徑 = 截面積除以濕周

S：水力坡降

計算滿管時管線中之水流速

6. Hardy-Cross method formula

$H = KQ^n$

H：自來水管網之損失水頭

Q：流量

n：對各種水管皆相同之流量指數，一般為1.75～2，取1.85

K：常數

自來水管網設計用

7. Henry's law：亨利定律

$P = K_HC$

P：氣體在液體表面之壓力

K_H：亨利常數

C：氣體在液體中之濃度

P與C成正比，計算C用

8. Manning formula：曼寧公式

$V = 1/nR^{2/3}S^{1/2}$

V：未滿流導水渠中水之流速

n：粗糙係數，0.013～0.02

R：水力半徑＝水流截面積除以濕周

S：水力坡降

計算未滿流導水渠中水之流速

9. Rational method formula：合理式

Q：0.278 CIA

Q：雨水逕流量

C：逕流係數，C＝0.1～1，依土地透水率不同而異

I：降雨強度

A：排水面積

計算雨水逕流量用

10. Velocity gradient:

$G = (P/\mu V)^{1/2}$

G：速度坡降

P：動力，$P = \frac{C_D A\rho\upsilon^3}{2}$或$P = Q\rho gh$

V：池子體積

μ：0.01kg/m.sec

ρ:1000kg/m^3

υ：槳板與流體相對速度

C_D：1.5，拖曳係數

Q：m^3/sec

G值需大於20以促進膠凝作用，需小於75以免被壞膠羽控制快，慢混之混凝效果用

四、某社區家庭污水採用活性污泥法處理時，已知處理水量 2000 CMD，水溫 25℃，進流水之懸浮固體物 SS 與 $BOD_{5,20℃}$ 分別為 250 mg/L 與 200 mg/L；曝氣槽之 MLSS 是 2500 mg/L 且曝氣時間為 8 小時；BOD 之污泥轉化率 Y 是 0.8 gSS/gBOD。若污泥迴流比 R 為 30%，此系統產生之污泥以厭氧消化處理。
㈠試估算迴流污泥中的懸浮固體物濃度。（10 分）
㈡假設污水中易分解有機物占 80%，並考慮污泥迴流時，試計算曝氣槽內之食微比。（10 分）
㈢試計算完全消化 1 克 BOD 產生之甲烷氣體積（假設屬於 STP，且 BOD=COD）。（4 分）

解答：

(一) $C_A = Cr \cdot \frac{r}{1+r}$

$$2500mg/L = Cr \cdot \frac{30\%}{1+30\%}$$

$$Cr = 10833mg/L$$

(二) $F/M = \frac{2000m^3/d \times 2000mg/L \times 10^3 \times 80\%}{2500mg/L \times 2000m^3/D \times (1+30\%) \times \frac{8}{24}D \times 10^{-3}}$

$$= \frac{320kg/D}{2166kg} = 0.15\ kg\ BOD/kg\ MLSS \cdot D$$

(三) $2C + 2H_2O \rightarrow CH_4 + CO_2$

$$\frac{1}{12} : \frac{X}{12+4} = 2 : 1$$

$$X = 0.67g \cdots\cdots CH_4$$

五、河川簡易水質模式 Streeter-Phelps 公式（如下），涉及河水之脫氧與再曝氣現象：

$$D_t = \frac{K_r \cdot L_0}{K_2 - K_r}(10^{-K_r t} - 10^{-K_2 t}) + D_0 \cdot 10^{-K_2 t}$$

㈠試分別說明脫氧與再曝氣現象。（4 分）
㈡試繪此公式之圖形顯示此公式之由來及意義（須標註出符號 D_0 與 L_0）。（6 分）
㈢論述此公式於污水工程之應用。（6 分）

解答：

(一) 脫氧：有機物質氧化，使水中的溶氧量被消耗的現象。

再曝氣：脫氧現象後，形成溶氧不足，低於飽和溶氧，再由空氣中的氧溶入或由水棲植物光合作用增加氧的現象。

(二)

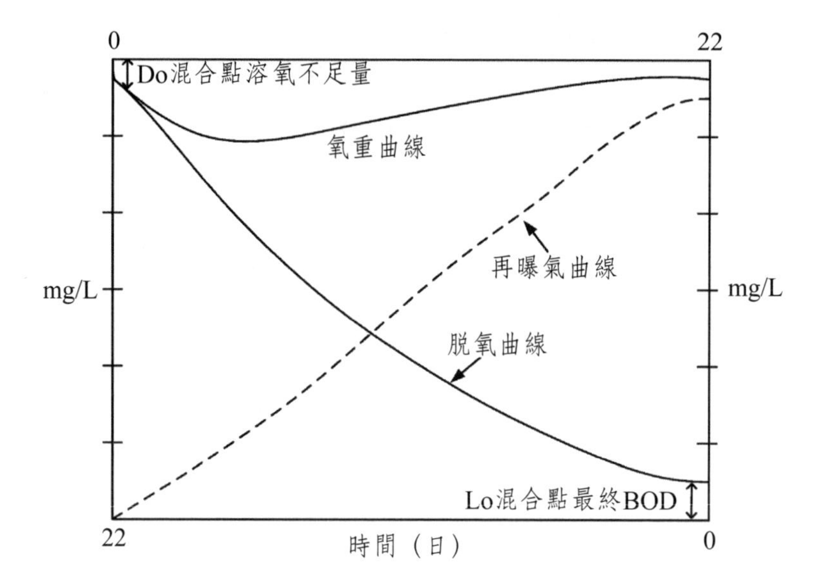

(三) 可了解當污染物進入河川後，河川的自淨能力。

103年專門職業及技術人員高等考試建築師、技師、第二次食品技師考試暨普通考試不動產經紀人、記帳士考試試題　代號：00650 全一頁

等　　別：高等考試
類　　科：環境工程技師
科　　目：給水及污水工程
考試時間：2 小時　　座號：＿＿＿＿＿＿

※注意：㈠可以使用電子計算器。
㈡不必抄題，作答時請將試題題號及答案依照順序寫在試卷上，於本試題上作答者，不予計分。

一、在給水和污水之化學處理方法中，化學沉降程序（chemical precipitation process）和化學混凝程序（chemical coagulation process）是常用的兩種處理方法，請針對以下問題，試詳細分別比較說明此兩種程序的差異：
㈠去除對象之主要污染物的性質。（4 分）
㈡主要的處理原理和作用機制。（12 分）
㈢影響處理成效之主要的設計和操作因素。（8 分）
㈣繪出其處理流程並說明主要的處理單元和目的。（8 分）
㈤列出此兩種程序分別在自來水和都市污水處理工程上的應用實例。（8 分）

解答：

(一)

1. 化學混凝：去除對象之主要污染物性質為：懸浮固體物之顆粒太小，如：膠質狀顆粒或淤泥等，利用重力沉澱，無法在適當時間內沉降而被去除時。
2. 化學沉降：去除對象之主要污染物性質為：水中溶解物，如：鈣、鎂、二價鐵、錳等。

(二)

1. 化學混凝：靠加入混凝劑，使顆粒凝聚為膠羽（floc），增加顆粒粒徑，以促進沉澱。
2. 化學沉降：靠加入化學藥品後，因化學反應成為不溶解顆粒而沉降。

(三) 影響處理成效之主要設計及操作因素

1. pH值影響
2. 原水中之鹽類

3. 濁度之性質
4. 混凝劑之影響
5. 物理因素之影響，如：水溫等
6. 粒子之存在
7. 攪拌之影響

(四) 處理流程：

快混池→慢混池→沉澱池

快混池：加混凝劑及調pH值，使污染物與混凝劑充分混合形成膠羽。

慢混池：加助凝劑，使小膠羽因助凝劑而結合形成更易沉澱的大膠羽。

沉澱池：使大膠羽沉降與水分離，形成乾淨的上澄液放流，下方沉降的膠羽污泥再去濃縮乾燥處理。

(五)

1. 化學混凝：
   (1) 自來水：淨水廠加PAC去除水中溶解性的有機物。
   (2) 都市污水：污水廠二沉池去除水中有機物及生物性污泥。
2. 化學沉降：
   (1) 自來水：淨水廠加NaOH去除水中的金屬離子。
   (2) 都市污水：污水廠之初沉池去除水中的金屬離子。

二、(一)某鄉鎮目前人口為20,000人，預估未來到設計年之人口成長率10%，計畫平均每人每天污水量為250公升，進流污水之BOD_5和SS濃度分別為200 mg/L和160 mg/L，若計畫最大日設計污水量為平均日設計污水量的1.5倍，試問該鄉鎮污水處理廠的設計污水量為多少CMD？設計有機負荷（design organic loading）和設計固體物負荷（design solid loading）分別為多少kg BOD_5/day和多少kg SS/day？（10分）

(二)承上，假設已知：*1.*初沉池SS去除率為60%；BOD_5去除率為40%，*2.*曝氣槽中BOD_5轉化為生物固體物之增殖率（cell yield）為0.6，*3.*終沉池不會再降低BOD_5，*4.*二級生物處理程序後之放流水水質BOD_5為15 mg/L，SS為20 mg/L，*5.*初沉池沉澱污泥的固體物含量為1.5%，二沉池生物污泥的固體物含量為1.0%，且污泥之比重均為1.0。試問該廠每天分別產生多少公斤（kg/day）的初沉污泥和生物污泥？多少體積（CMD）的混合污泥？（15分）

解答：

(一) 20,000人×(1 +10%)×250 L/人.天×1.5

= 8,250,000 L/天 = 8250 CMD

200 mg/L×10^{-3}×8,250 m^3/天 = 1,650 $kgBOD_5$/天

160 mg/L×10^{-3}×8,250 m^3/天 = 1,320 kgSS/天

(二) 1. 初沉污泥：

1,320 kgSS/天×60% = 792 kgSS/天

2. 生物污泥：

1,650 $kgBOD_5$/天×(1−40%)−15 mg/L×10^{-3}×8,250 m^3/天

= 990 $kgBOD_5$/天−124 $kgBOD_5$/天 = 866 $kgBOD_5$/天

866 $kgBOD_5$/天×0.6 = 519.6 kgSS/天

3. 混合污泥（CMD）

初沉：792 kgSS/天÷1.5%÷1×10^{-3} = 52.8 CMD

生物：519.6 kgSS/天÷1.0%÷1×10^{-3} = 86.6 CMD

混合污泥：52.8 CMD + 86.6 CMD = 139.4 CMD

三、有一水平流沉澱池，其設計溢流率（overflow rate）為 20 m^3/d-m^2，若有四種大小不同的顆粒，其分布分別占顆粒總數的 40%、30%、20%、10%，而此四種顆粒的沉降速度分別各為 0.10 mm/s、0.20 mm/s、0.40 mm/s、1.00 mm/s，試問此四種顆粒在理想沉澱池中，其預期的去除率分別各為多少%？又該沉澱池對顆粒的總去除率可達到多少%？（15 分）

解答：

(一) $去除率 = \frac{沉澱速度}{溢流率}$

溢流率：20 m^3/d.m^2 = 0.23 mm/s

∴四種顆粒之去除率分別為：

$\frac{0.1}{0.23}$、$\frac{0.2}{0.23}$、$\frac{0.3}{0.23} > 1$視為100%、$\frac{1.00}{0.23} > 1$視為100%

即43%、87%、100%、100%

(二) 43%×40% + 87%×30% + 100%×20% + 100%×10%

= 17% + 26% + 20% + 10% = 73%……總去除率

四、已知一典型好氧生物處理單元，其進流污水量(Q) = 4000 CMD，進流水 BOD_5 = 250 mg/L，出流水 BOD_5 = 10 mg/L，進流水中氮的濃度(C_N) = 2 mg/L，磷的濃度(C_P) = 0.1 mg/L，試問該生物處理單元是否需補充營養鹽？如是，每日添加量需為多少 kg/day 的氮和磷？此外，請分別列舉和說明常用來做為氮和磷營養鹽添加的化學藥劑種類為何？(20 分)

解答：

(一) BOD：N：P = 100：5：1

BOD_5 = 250 – 10 = 240 mg/L

∴生物處理需有的C_N：12 mg/L > 2 mg/L

生物處理需有的Cp：2.4 mg/L > 0.1 mg/L

故需補充氮、磷營養鹽

(二) N：(12−2) mg/L×4000 m^3/天×10^{-3} = 40 kg/天

P：(2.4−0.1) mg/L×4000 m^3/天×10^{-3} = 9.2 kg/天

(三) NH_4Cl、H_3PO_4或K_2HPO_4

102年專門職業及技術人員高等考試建築師、技師、第二次食品技師考試暨普通考試不動產經紀人、記帳士考試試題　代號：00650　全一頁

等　　別：高等考試
類　　科：環境工程技師
科　　目：給水及污水工程
考試時間：2 小時　　座號：＿＿＿＿＿

※注意：㈠可以使用電子計算器。
㈡不必抄題，作答時請將試題題號及答案依照順序寫在試卷上，於本試題上作答者，不予計分。

一、有一社區的生活污水處理廠的原設計流量為 Q_1 = 1000 CMD，設計水質為 BOD_1 = 180 mg/L，SS_1 = 180 mg/L。原處理為活性污泥系統，處理流程為：前處理→初沉池→曝氣池→終沉池（污泥迴流比 33%）→加氯消毒後放流。此系統在原設計進流水質水量的條件下能適當的處理原生活污水。換言之，原系統的相關設計與操作參數均屬合理，且放流水水質皆能符合放流水水質標準。現因入住人口增加，致使流量增加為 Q_2 = 1300 CMD，但進流 BOD 與 SS 濃度不變。該社區為節省經費擬直接利用既有的曝氣池槽體，將此既有的活性污泥曝氣池改為接觸曝氣池（又稱為接觸氧化池）或是改為延長曝氣法操作，以處理此新的流量（1300 CMD），其餘的單元均不變。請先評估此二種新處理流程的可行性（是接觸曝氣法可行或是延長曝氣法可行）。請在前述的可行條件下設計修改此系統中的接觸曝氣槽（含接觸曝氣池體積、濾材體積，濾材表面積的有機負荷，曝氣量檢討），或是延長曝氣法的曝氣池（含曝氣池體積、污泥停留時間（SRT）、有機負荷，曝氣量檢討），請同時評估此改善的合理性與必要的操作參數。並檢討既有的其他處理單元（初沉池與終沉池）是否能因應此新的流量（1300 CMD），而能適當的處理以符合放流水水質標準。（相關參數請做合理假設）（30 分）

解答：

處理水量僅增加30%，將現有活性污泥處理池改成接觸曝氣池或改成延長曝氣法操作都是可行的，惟改成延長曝氣法處理水透視度將較差，SS濃度也會較高，因本法是利用微生物體內分解期之階段，迴流污泥量大，SRT長，BOD負荷低，活性污泥處於營養不足狀態，剩餘污泥量較少，但係利用微生物的體內呼吸期，污泥膠羽會被分解，故建議改成接觸曝氣法較佳。

接觸曝氣池之濾材填充率宜為曝氣池的50～60%，濾材表面積的有機負荷約15～20 g/m^2.day，接觸氣槽體積可以不變，曝氣量亦可不變，因增加30%的有機負荷，可由水中氣泡衝擊生物濾材增加的溶氧

效率及生物濾材上的厭氧菌或兼氧菌吸收。

改成接觸曝氣法，因進流量增加30%，初沉池水力停留時間將減少，出流水水質會略差。但終沉池出流水水質將更好，因接觸曝氣法不需迴流污泥，故會使終沉池水力停留時間增加，又因接觸曝氣池都是附著性的生物膜，懸浮式的微生物量少，甚至有不設終沉池的設計，少量流至終沉池的污泥都是老化脫落的生物膜，比重比活性污泥懸浮式的微生物重，較易沉降。

若改成延長曝氣法，污泥迴流比要加大成0.5～1，SRT變大成20～30天，有機負荷要變小成0.01～0.05 kgBOD/kgMLSS.day，送風量要變大成10～20送風量m^3/流入水量m^3，曝氣池體積可以不變，但初沉的出流會因流量加大而變差，終沉池也會因迴流比增加及生物膠羽解體而變差。

二、快砂濾池是傳統自來水處理程序中對顆粒性物質去除的重要單元，國內自來水處理廠經常以雙重濾料（石英砂與無煙煤）替代單一濾料（石英砂），請設計一套適合國內自來水過濾處理的雙重濾料（含粒徑分布，均勻係數，濾料厚度，適用濾速，與預期處理水的濁度）（20分）

解答：

1.

	粒徑分布（mm）	均勻係數	濾料厚度（cm）
無煙煤	0.9～1.2	1.5 以下	60
石英砂	0.45～0.7	2.0以下	15

2. 濾速以200 m/日為上限，一般設計值為150 m/日

3. 預期處理後水質應在5 NTU以下

三、有一環工技師受聘至一畜牧廢水處理廠（養豬業）進行畜牧廢水處理廠的功能評估（已知的流程為：攔污篩除機，篩網 1.0 mm→厭氧槽，水力停留時間（HRT）10 天→曝氣池，HRT 1.5 天→沉澱池，污泥迴流與廢棄→放流），受限於現場的分析設備，該環工技師在此廢水廠現場只能分析曝氣池的一些基本的現場可檢測參數（DO：0.5 mg/L，SV_{30}：8%，OUR：1.5 mg-O_2/L-hr，pH：6.8，ORP：20 mV，曝氣池水色偏黑（目視判斷），沉澱池放流水透視度約 8 cm）（該廢水廠專責人員於現場也說環保局曾至該廢水廠採放流水分析，放流水的檢測值為：BOD 150 mg/L，SS 180 mg/L，COD 610 mg/L）。
㈠請先評估該廢水廠有何設計或操作上的問題，（10 分）
㈡對此現象你會提供那些建議給該畜牧場的廢水操作人員參考，以改善該廠的處理效率？（10 分）

解答：

1. 由曝氣池水色偏黑，及DO = 0.5 mg/L，表示水中溶氧不足，曝氣量設計太小，宜加大曝氣量DO最好保持在1.0 mg/L左右，或是老化污泥太多，宜加大排泥量，增加廢棄污泥量。
2. 生物處理最佳pH值宜略偏鹼約7.5，排泥量加大，曝氣量加大，都有助於pH值提升。
3. SV30：8%太小，SV30宜在20～30%，可見曝氣池中MLSS太少，應殖菌種增加微生物量及增加微生物所需的曝氣量。
4. 放流水透視度僅8 cm太低了，應控制在15 cm以上，表示生物處理效果不佳。
5. 放流水SS180 mg/L太高，應控制在50 mg/L以下，表示生物污泥上浮，可能是老污泥太多，或曝氣池溶氧不足或微生物有膨化現象。

四、國內正積極建設生活污水下水道系統，請說明下列與下水道有關的事項：㈠專用下水道，㈡污水廠綜合效能評估（CPE, Comprehensive Performance Evaluation），㈢計畫污水量，㈣管渠的水深比（d/D）。（每小題 5 分，共 20 分）

解答：

(一) 專用下水道是事業單位自行設置污水處理廠，將自己事業體產生的污水處理至放流水標準，再直接排入雨水溝流至河川等承受水體的系統。

(二) 污水廠綜合效能評估，是要先評估污水廠中各個處理單元是否達到應有的處理功能，再綜合各個處理單元的處理效率，檢視整個污水處理廠是否達到規劃設計預期的整體處理成果及是否達環保法規要求。

(三) 計畫污水量

污水下水道道以計劃最大小時污水量為設計，即最大日污水量的1.5倍計。每人每日最大日污水量為300 L，地下水滲入係數為20%亦應加入。

(四) 下水道管渠之最大流量發生於比滿管較小之水深時，若以該水深做為設計流量水深，當為最經濟水深。

由不滿流之水力特性值表，可查得水深/管徑（d/D）值在0.9時，可得不滿流水量是滿流水量的1.066倍，是最佳的設計值。

五、請說明自來水處理時影響混凝作用的主要影響因子。（10分）

解答：

1. pH值：混凝劑鋁鹽或鐵鹽，在某一定的pH值範圍內其溶解度最小，混凝與沉澱的速度最快，最適宜的pH範圍為6.0～7.8。
2. 原水中的鹽類：依鹽類種類及含量而影響混凝作用之適宜pH值，膠凝時間、適宜加藥量。
3. 濁度之性質：
   (1) 含黏土濁度的水，必須加入某一最低量的混凝劑，以便形成具補獲濁度能力的膠羽。
   (2) 濁度增加，混凝劑加量亦增，但不成直線關係。
   (3) 濁度高的原水，相對反而需交少的混凝劑，因顆粒碰撞的機會增加了。
   (4) 水中含不同粒徑的黏土較單一粒徑容易混凝。
4. 混凝劑：使用鋁鹽或鐵鹽，一般以實驗比較處理效果，再考量經濟因素。

5. 物理因素：水溫對混凝影響較大，水溫近0℃時，膠羽之沉降不易，因水溫降低，水的黏性增加。
6. 粒子影響：粒子愈多，膠凝速度愈快，膠羽密度亦大，因而增加沉降速度。
7. 攪拌影響

	快混	慢混
時間	1～5 mins	10～30 mins
轉速	80～100 rpm	25 rpm
G值	$500\ \frac{1}{sec}$	$50\ \frac{1}{sec}$

101年專門職業及技術人員高等考試建築師、技師、第2次食品技師考試暨普通考試不動產經紀人、記帳士考試試題　代號：00650　全一頁

等　　別：高等考試

類　　科：環境工程技師

科　　目：給水及污水工程

考試時間：2 小時　　　座號：________

※注意：(一)可以使用電子計算器。

(二)不必抄題，作答時請將試題題號及答案依照順序寫在試卷上，於本試題上作答者，不予計分。

(三)本試題之相關公式、物理常數、符號意義及設計參數未提及時，請自行合理推斷與假設。

一、試說明在設計自來水淨水單元與污水處理單元時，常用於設計的水質參數有何不同？並分別說明其意義。（20 分）

解答：

1. 速度降坡 $G=\sqrt{\frac{P}{V\mu}}$

   快混池G≒500L/sec

   慢混池G≒50L/sec

   μ為流體之黏滯係數≒10^{-3}kg/m．s

   自來水黏性較低，μ值較低

   污水黏性較高，μ值較高。

2. 沉降速度 $U_s=\frac{g}{18}\frac{(\rho_s-\rho)}{\mu}D^2$

   污水初沉池停留時間≒1.5hrs

   污水終沉池停留時間≒2.5hrs

   淨水沉澱池停留時間≒2hrs

   自來水黏性較低，μ值較低，水中顆粒比重（ρ_s）較大

   所以沉降速度（V_s）較快，沉澱池停留時間可較短

   污水黏性較高，μ值較高，水中顆粒比重（ρ_s）較大

   所以沉降速度（V_s）較慢，沉澱池停留時間可較長

二、試說明抽水機比速之物理意義，並證明其為$N_s=\frac{NQ^{1/2}}{H^{3/4}}$。（20分）

解答：

抽水機的型式，比速就不同，比速為假想值，與轉速有關，高揚程、低流量抽水機比速較小，而低揚程高流量者較大

$$N_s=N\frac{Q^{\frac{1}{2}}}{H^{\frac{3}{4}}}$$

$$\frac{Q_1}{Q_2}=\frac{N_1}{N_2}=\frac{D_1}{D_2}$$

$$\frac{H_1}{H_2}=\left(\frac{N_1}{N_2}\right)^2=\left(\frac{D_1}{D_2}\right)^2$$

N：轉速

D：葉片直徑

Q：流量

H：揚程

三、試說明地面水集取工程之進水口開口應考慮那些因素？（10分）進水口設置攔污柵時，攔污柵設置的角度與水頭損失之關係為何？（10分）

解答：

1. 進水口四周應予加強，不得因開多個進水口而影響取水塔結構支安全，進水口開口應保持每秒15～30cm的流速，使少砂石流入為原則，每個取水口前應設攔污柵，以免雜物流入，且應設進水閘門
2. $hr=\beta\sin\alpha\left(\frac{t}{b}\right)^{4/3}\frac{V^2}{2g}$

   hr：水頭損失（m）

   α：欄污柵之傾斜角

   β：攔污柵之形狀係數，一般2～3

t：欄柵厚度（mm）

b：有效間隔（cm）

V：水流速度（m/sec）

g：$9.8 m/sec^2$

由上公式可知：水頭損失與欄污柵之傾斜角成正比

四、某一自來水廠每日供水量 100,000 m^3/day，採用硫酸鋁($Al_2(SO_4)_3 \cdot 18H_2O$)為混凝劑，平均加劑量為 10 mg/L，硫酸鋁與水中鹼度反應產生CO_2，而根據亨利定律，CO_2在氣相和液相中平衡時，液相之CO_2濃度很低（可忽略之），請計算該廠因硫酸鋁之使用所造成每天CO_2之排放量為多少公斤？（20 分）

解答：

$$Al_2(SO_4) \cdot 18H_2O + 3Ca(HCO_3)_2 \rightarrow 2Al(OH)_3 + 3CaSO_4 + 6CO_2 + H_2O$$

由 $\dfrac{\dfrac{10mg/L}{666}}{1} = \dfrac{\dfrac{Xmg/L}{44}}{6}$

求得X = 4mg/L

$4mg/L \times 100000 m^3/D = 400kg/D$

五、試比較重力式沉砂池與曝氣式沉砂池之設計原理，有何異同處？（20 分）

解答：

1. 由於污水流量變化大，無法維持一定的流量負荷，致有部分有機物沉降於重力式沉砂池影響沉砂處分上的衛生問題，曝氣沉砂池可洗砂，分離有機物
2. 於曝氣式沉砂池單側曝氣，使下水旋回滾動，砂沉降於另一側，如圖：

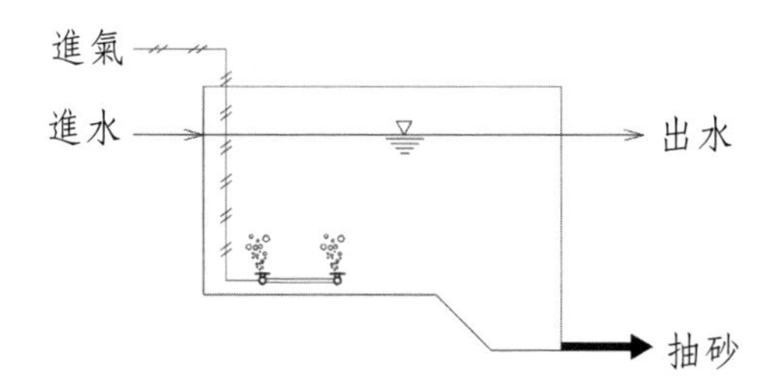

沉砂池水力停留時間T = 25～30sec
沉砂池流速V = 0.75～1m/sec

100年專門職業及技術人員高等考試建築師、技師、第2次食品技師考試暨普通考試不動產經紀人、記帳士考試試題　代號：00650　全一張（正面）

等　　別：高等考試
類　　科：環境工程技師
科　　目：給水及污水工程
考試時間：2 小時　　座號：＿＿＿＿＿＿

※注意：㈠可以使用電子計算器。
㈡不必抄題，作答時請將試題題號及答案依照順序寫在試卷上，於本試題上作答者，不予計分。
㈢本試題之相關符號、公式及設計參數未提及或條件不足時，請自行合理推斷或假設。

一、試計算下圖由蓄水池 A 到蓄水池 B 的流量（CMD）。（20 分）

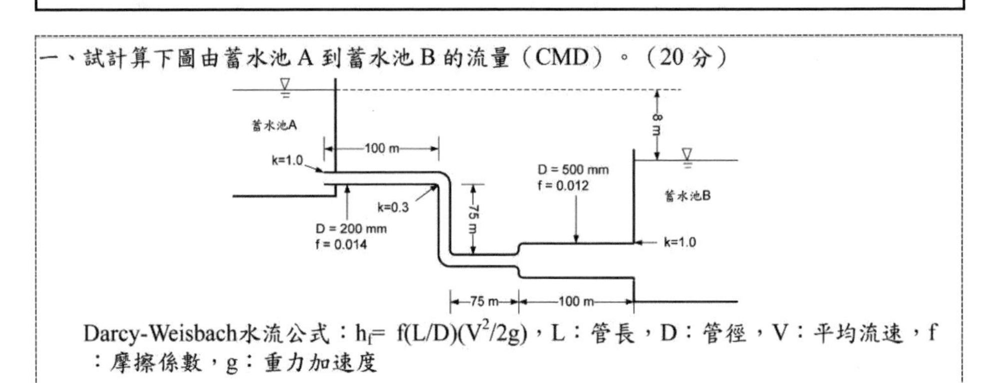

Darcy-Weisbach水流公式：$h_f= f(L/D)(V^2/2g)$，L：管長，D：管徑，V：平均流速，f：摩擦係數，g：重力加速度

解答：

由 $h=f\dfrac{L}{D}\dfrac{V^2}{2g}$（直管），$h=k\dfrac{V^2}{2g}$（閥管）及 $Q=A_1V_1=A_2V_2=\dfrac{\pi}{4}D_2^2V_2$

$$\therefore 1\times\frac{V_1^2}{2g}+0.014\times\frac{100}{0.2}\times\frac{V_1^2}{2g}+0.3\times\frac{V_1^2}{2g}+0.014\times\frac{75}{0.2}\times\frac{V_1^2}{2g}$$
$$+0.3\times\frac{V_1^2}{2g}+0.014\times\frac{75}{0.2}\times\frac{V_1^2}{2g}+0.012\times\frac{100}{0.5}\times\frac{V_2^2}{2g}+1\times\frac{V_2^2}{2g}$$
$$=8\cdots\cdots(1)$$

$$\frac{\pi}{4}D_1^2V_1=\frac{\pi}{4}D_2^2V_2$$

$V_2=\left(\dfrac{D_1}{D_2}\right)^2V_1=0.16V_1\cdots\cdots V_2$ 代入(1)式

一個方程式解一個未知數，可求得V_1

再由$A_1V_1=\frac{\pi}{4}D_1^2\times V_1=Q$，求得流量Q

二、在設計二級沉澱池時，假設其溢流率為 20 m/d，污泥迴流比為 35%，廢水流量為 5,000CMD。批次沉降實驗（batch settling tests）之層沉降速率（zone settling velocity）如下：

固體物濃度X_i（mg/L）	層沉降速率V（m/h）
500	7.02
1,000	5.22
1,500	3.31
2,000	2.35
2,500	1.65
3,000	1.24
3,500	0.789
4,000	0.573
4,500	0.417
5,000	0.325
5,500	0.265
6,000	0.199
6,500	0.168
7,000	0.110
7,500	0.103
8,000	0.080

通量（G_L）＝ 固體物濃度X_i（mg/L）×層沉降速率V（m/h）

(一)試繪出批次通量曲線（以G_L(kg/m^2-d)對X_i(mg/L)作圖），並求出限制通量（kg/m^2-h）及迴流污泥濃度（mg/L）。（7 分）

(二)試求沉澱池所需表面積（m^2）。（4 分）

(三)已知沉澱池有效高度 3m，請求出停留時間（h）。（3 分）

(四)請列出所需要的附屬設備（至少 3 項）。（6 分）

【註】h 為小時；d 為天。

解答：

固體物濃度X_i	層沉降速率V	通量$G_L=X_i\times V$
500	7.020	3,510.00
1,000	5.220	5,220.00
1,500	3.310	4,965.00
2,000	2.350	4,700.00
2,500	1.650	4,125.00
3,000	1.240	3,720.00
3,500	0.789	2,761.50
4,000	0.573	2,292.00

固體物濃度X_i	層沉降速率V	通量$G_L = X_i \times V$
4,500	0.417	1,876.50
5,000	0.325	1,625.00
5,500	0.265	1,457.50
6,000	0.199	1,194.00
6,500	0.168	1,092.00
7,000	0.110	770.00
7,500	0.103	772.50
8,000	0.080	640.00

1.

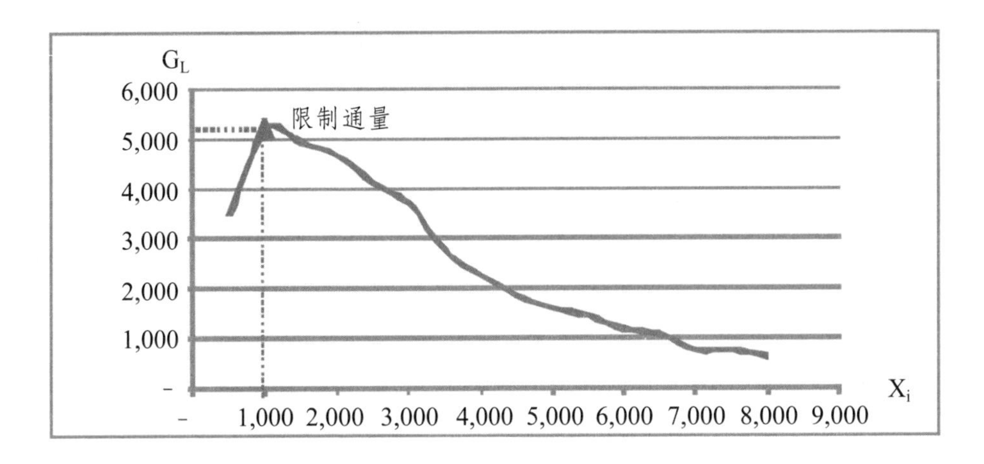

$G_L = mg/L \times m/h = g/m^3 \times m/h = 10^{-3} kg/m^2 \cdot h$

∴限制通量為$5220 g/m^2 \cdot h = 5.22 kg/m^2 \cdot h$

$$\frac{G_L(kg/m^2gh) \times A(m^2)}{Q(m^3/h) \times 35\%} = kg/m^3 = \frac{5.22 \times 338}{5000 \times 35\%} = 1.008 kg/m^3 = 1008 mg/L$$

2. $\frac{5000 \times (1+35\%)}{A} = 20 m/D$

求得A = 338m²

3. $T = \frac{V}{Q} = \frac{338 \times 3}{5000 \times (1+35\%)} = 0.15D = 3.6hrs$

4. 溢流堰、整流桶、刮泥機、污泥泵

三、某實驗室利用 4 個連續式活性污泥池結合曝氣裝置進行廢水處理模擬試驗，每一個活性污泥池體積皆為 7L。

反應動力式為：

$(S_0 - S_e) / (X_v \times t) = K \times (S_e - S_n)$

S_0、S_e分別為進流及出流COD濃度（mg/L），X_v為MLVSS濃度（mg/L），t為水力停留時間（h），K為反應動力常數（L/mg-h），S_n為不可分解COD濃度（mg/L）

試求：

(一)活性污泥池的反應動力常數 K（L/mg-d）。（13 分）

(二)不可分解COD濃度S_n（mg/L）。（7 分）

平均數據如下：

活性污泥池編號	進流平均 COD 濃度（mg COD/L）	出流平均 COD 濃度（mg COD/L）	平均 MLVSS 濃度（mg/L）	流量（L/d）
1	800	105	3,150	42
2	795	65	2,750	14
3	785	36	2,900	9
4	775	26	2,840	3.7

【註】h 為小時；d 為天。

解答：

體積V = 7L

流量：Q，進流COD：S_0，出流COD：S_e，MLVSS都是已知，

僅K及S_n未知

任選已知代入形成二個方程式，解二個未知數，即可求得K及S_n

四、臺灣地區近年推行水回收再利用政策：

(一)請說明 3 個執行水回收再利用的實際案例。（10 分）

(二)請繪製 1 個可以將二級處理後的廢污水，做到回收再利用程度的完整流程。（10 分）

解答：

1. 101大樓、奇美柳營醫院，竹科回收率規定要70%以上。
2. 二級處理後→砂濾槽→活性碳槽→加氯消毒槽→ (P) →中水回收再利用系統

五、關於目前我國自來水消毒副產物：
㈠管制項目及管制限制為何（請列出 3 種）？（10 分）
㈡何種技術可以降低消毒副產物之生成（請列出 3 種）？（10 分）

解答：

1. THM：0～2 mg/L
   氯鹽（Cl^-）：250 mg/L
   自由有效餘氯：0.2～1.5 mg/L
2. (1)沉澱池前加氯
   (2)最後段加活性碳吸收殘留有機物後再加氯消毒。
   (3)以加O_3降低加氯量

99年專門職業及技術人員高等考試建築師、技師考試暨普通考試不動產經紀人、記帳士考試試題

代號：00650 全一頁

等　　別：高等考試
類　　科：環境工程技師
科　　目：給水及污水工程
考試時間：2 小時

座號：__________

※注意：(一)可以使用電子計算器。
(二)不必抄題，作答時請將試題題號及答案依照順序寫在試卷上，於本試題上作答者，不予計分。
(三)下列計算各題若有所需參數或公式不足時，請自行合理假設或推知。

一、假設有一生活污水處理廠採活性污泥法處理，其初沉池出流水的平均流量（Q_{ave}）為 10,000 CMD，BOD為 120 mg/L，NH_3-N為 25 mg-N/L，NO_3-N 為 1 mg-N/L，TKN為 30 mg-N/L，TP為 3 mg/L，鹼度為 150 mg/L as $CaCO_3$。假設該活性污泥曝氣池由 6 座體積為 600 m^3（共 3,600 m^3）的矩形槽串聯組成。曝氣池的操作現況為SRT為 8 天，DO為 2 mg/L。經二沉池後的放流水BOD為 10 mg/L，SS為 20 mg/L，NH_3-N為 20 mg-N/L，NO_3-N 為 2 mg-N/L，TKN 為 25 mg-N/L，TP為 1.5 mg/L。假設因為法規變更，新法規放流水的BOD、SS與NH_3-N分別需符合 30 mg/L、30 mg/L與 5 mg-N/L的放流標準。為了因應法規的變更，該污水廠擬請你（環工技師）利用該廠的現有設施（曝氣池），在不增加槽體...等主要硬體設備的原則下，以變更處理方式或操作條件，或是添加藥劑與加設機電設備...等等的方式，使得該污水廠符合新的放流標準。請具體評估說明且完整量化你的建議與必要的配合措施（必須詳細量化計算並討論）。（假設： $NH_4^+ + 1.83\ O_2 + 1.98\ HCO_3^- \rightarrow 1.04\ H_2O + 1.85\ H_2CO_3 + 0.026\ C_5H_7O_2N + 0.98\ NO_3^-$）（C: 12, H: 1, O: 16, N: 14, P: 31, Ca: 40, Na: 23, ρ_{air}: 1.23 kg/m^3, 1 kWH = 1.34 HPH）（30 分）

解答：

1. 在新法規的要求下，本題活性污泥處理系統之放流水水質，僅NH_3-N超出法規標準，必須改成可以處理N.P.的系統，由於有6座曝氣池，所以應改成需多槽的A_2O系統，不能用單一槽的SBR系統。

2.

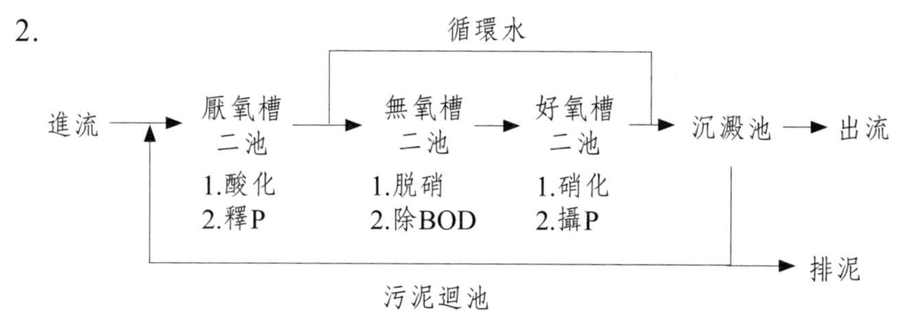

3. 應加設循環水泵浦

厭氧槽及無氧槽不得曝氣，所以曝氣機應加裝頻器，使轉速變慢，曝氣量變小

二、請說明傳統自來水淨水程序中的普通沉澱池與生活污水處理廠之活性污泥法的二沉池（生物沉澱池）的異同。（20 分）

解答：

	淨水廠沉澱池	污水廠二沉池
面積負荷（$m^3/m^2 \cdot day$）	20～40	20～30
堰負荷（$m^3/m \cdot day$）	400	≦150
停留時間（hr）	2	2.5
有效深度（m）	3	3

三、某電鍍廠有三股廢水產生：㈠氰系廢水（流量約 100 CMD），㈡鉻系廢水（流量約 50 CMD），與㈢酸鹼廢水（流量約 50 CMD）。假設該廠每日運轉約 12 小時，試設計該電鍍廠的廢水處理廠（需含完整處理流程、必要單元與監控設施、單元體積、必要之添加藥劑，以及各單元操作控制參數...等等），使其符合目前的放流水標準。（20 分）

解答：

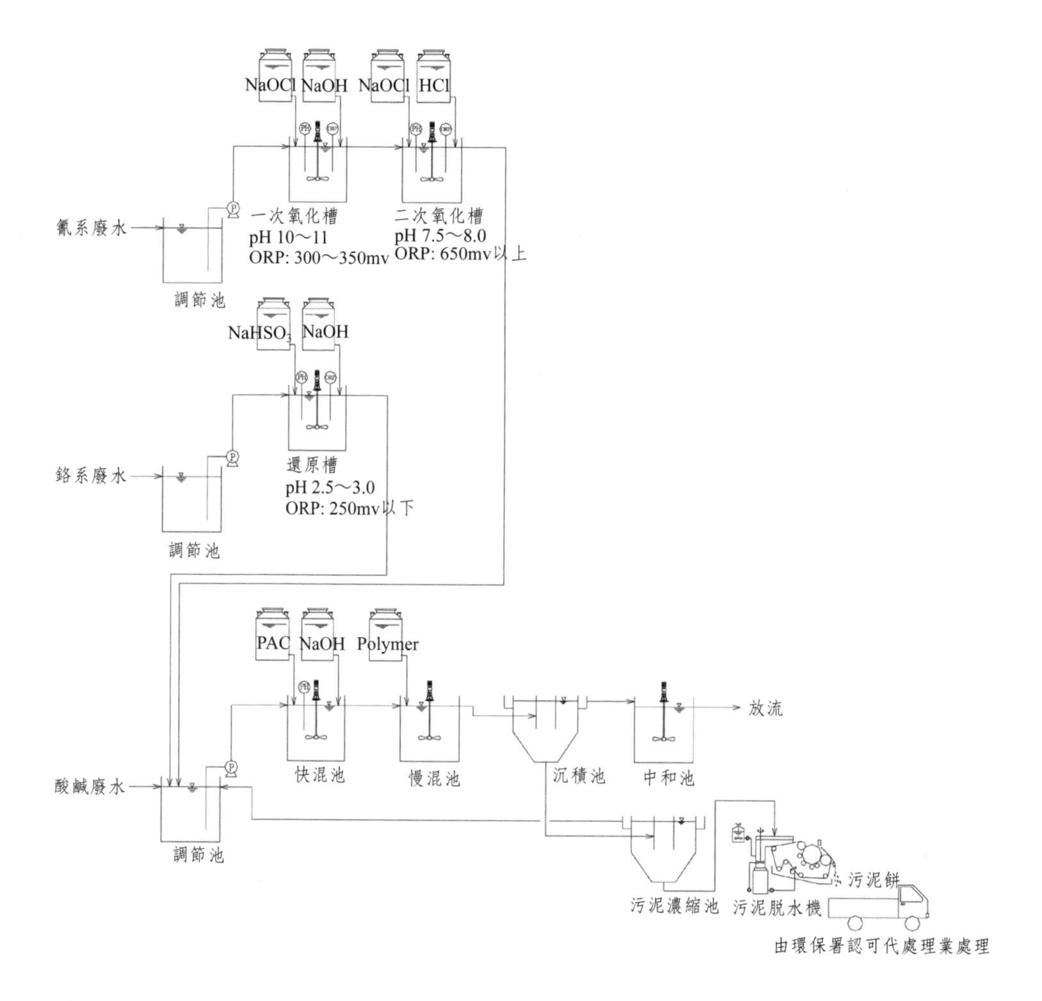

各單元水力停留時間為調節槽：8hrs，一次氧化槽、二次氧化槽、還原槽及快混槽均為5mins，慢混槽：20mins，沉澱池：3hrs，污泥濃縮槽：12hrs

以$T=\frac{V}{Q}$，可求得各槽體積V

四、試簡要說明下列與自來水工程有關的名詞定義、意義與必要的工程設計參數：㈠快濾池，㈡以河川表流水為取水水源之「安全出水量」，㈢自來水法（公布/施行：99 年 6 月 15 日）所稱之「自來水設備」，㈣自來水法（公布/施行：99 年 6 月 15 日）所規定，自來水事業應具有必要之設備的「淨水設備」，㈤快混與慢混。（30 分）

解答：

(一) 濾速：100～200m/day
濾砂有效粒徑：0.45
均勻係數：1.5
濾程：24hrs
洗砂水量：4%之過濾水量

(二) 20年發生一次之枯水流量稱「安全出水量」。

(三) 自來水設備：取水、貯水、導水、淨水、送水及配水等設備。

(四) 淨水設備：柵欄、抽水機、快混、膠凝、沉澱、過濾、蓄水、配水。

(五) 快混：加混凝劑（PAC），水力停留時間5mins，攪拌機轉速約300rpm。
慢混：加助凝劑（polymer），水力停留時間10mins，攪拌機轉速約30rpm。

98年專門職業及技術人員高等考試建築師、技師、消防設備師考試、普通考試不動產經紀人、記帳士、第二次消防設備士考試暨特種考試語言治療師考試試題　代號：00650　全一頁

等　　別：高等考試

類　　科：環境工程技師

科　　目：給水及污水工程

考試時間：2 小時　　座號：________

※注意：(一)可以使用電子計算器，但需詳列解答過程。

(二)不必抄題，作答時請將試題題號及答案依照順序寫在試卷上，於本試題上作答者，不予計分。

(三)下列問題之相關公式、物理常數、符號意義及設計參數未提及時，請自行依規範作合理推斷或假設。

一、有一正方形對稱之配水管網如右下圖所示，直角邊之水管長度皆為 200 m（米或公尺），AB與AC管徑皆為 400 mm（毫米），BD、CD與BC管徑皆為 200 mm，所有水管Darcy-Weisbach水流公式之摩擦係數（f）皆為 0.015。若 0.3 m^3/sec（立方公尺/秒）的流量自A點流入，B、C及D點各流出 0.1 m^3/sec。

(一)求各水管之流量及摩擦損失水頭（不計次要損失）。（15 分）

(二)若 A、B、C、D 之高程相同，A 點之水壓為 20 m 水頭，求 D 點之水壓。（5 分）

但已知 Darcy-Weisbach 水流公式為$h_f = f\dfrac{L}{D}\dfrac{V^2}{2g}$，$L$＝管長，$D$＝管徑，$V$＝平均流速，$g$＝重力加速度。

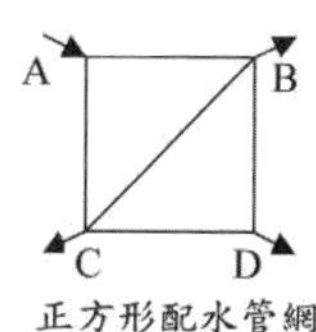

正方形配水管網

解答：

已知 $Q = 0.3$　A　$Q_1 = 0.15$　B　已知 $Q_2 = 0.1$

$Q_1 = 0.15$　Q_4　$Q_3 = 0.05$

C　已知 $Q_2 = 0.1$　D　已知 $Q_2 = 0.1$

1. 由AB與AC管徑相同，再由正角度流向的圖，可知

$$Q_1 = \frac{Q}{2} = \frac{0.3}{2} = 0.15\text{m}^3/\text{s}$$

再由BD與CD管徑相同，及正角度流向的圖，可知

$Q_3 = \frac{Q_2}{2} = \frac{0.1}{2} = 0.05m^3/s$

再由圖上之流量平行衡，可知$Q_4 = 0m^3/s$

2. 由$V = \frac{Q}{A}$，可求得各水管之流速V

再由 $h_f = f\frac{L}{D}\frac{V^2}{2g}$，可求得各水管之摩擦損失水頭

3. A點之水壓為20m水頭減AB管及BD管之摩擦損失水頭即等於D點之水壓

二、某市污水量有10,000 m^3/d（立方公尺/日），原水經過初步沈澱池後BOD_5與懸浮固體物（SS）濃度皆為 120 mg/L（毫克/升）擬做二級處理，其中生物處理採用接觸氧化法。求：㈠接觸材料之體積、表面積和使用之材料。㈡接觸氧化槽之體積、使用之槽數和段數。㈢曝氣量並說明曝氣之方式。（20 分）

解答：

1. 設 $F/M = 0.2 = \frac{BOD \times Q}{MLSS \times V} = \frac{120mg/L \times 10^4 m^3/d \times 10^{-3}}{3000mg/L \times V \times 10^{-3}}$

設接觸氧化槽之MLSS = 3000mg/L

即可由上式求得$V = 2000m^3$

2. 接觸曝氣槽濾材填充率取50%，即需$1000m^3$之濾材。
3. 選比表面積$100m^2/m^3$之濾材，即得10^5m^2之濾材總表面積。
4. 選用PVC材質之接觸濾材。
5. 將曝氣槽分成兩槽四段，每槽$1000m^3$之體積。
6. 需氧量U = a'Y + b'z

$$= 0.5 \times BOD \times Q + 0.1 \times MLSS \times V$$
$$= 0.5 \times 120 \times 10^4 \times 10^{-3} + 0.1 \times 3000 \times 2000 \times 10^{-3}$$
$$= 1200kg/day$$

需空氣量 $Q = \frac{U}{0.23\eta p}$

$$= \frac{1200}{0.23 \times 10\% \times 1.29} = 40445\text{m}^3/\text{day} = 28\text{m}^3/\text{min}$$

三、有兩座矩形沈澱池每日處理 6,000 m^3/d（立方公尺/日）原水，其長、寬及有效水深分別為 30、5.5 及 3 m（公尺），求沈澱池之水力停留時間、水平流速、溢流率和溢流堰之長度，並說明此沈澱池是否合乎自來水工程設計規範。（20 分）

解答：

1. 水力停留時間 $T = \frac{V}{Q} = \frac{30 \times 5.5 \times 3}{6000} = 0.0825\text{day} = 1.98\text{hrs}$
2. 水平流速 $V = \frac{Q}{W \times H} = \frac{6000}{5.5 \times 3} = 364\text{m/d} = 15\text{m/hr}$
3. 溢流率 $V = \frac{Q}{L \times W} = \frac{6000}{30 \times 5.5} = 36\text{m}^3/\text{m}^2 \cdot \text{D}$
4. 溢流堰之堰負荷取 $120\text{m}^3/\text{m} \cdot \text{D}$

   由 $120 = \frac{6000}{L}$，得溢流堰長 $L = 50\text{m}$
5. 自來水設計規範

   水力停留時間：2～3hrs……符合

   有效水深：3～4m……符合

   溢流率：$20～40\text{m}^3/\text{m}^2 \cdot \text{D}$……符合

四、若污水二級處理後再利用，可做那些用途？應再做何種處理？請說明之。（20 分）

解答：

1. 廁所馬桶及小便斗用水、澆灌、洗車、洗地、消防用水等。
2. 應再經砂濾、活性碳、消毒殺菌等處理。

五、有一河川水溫為 20℃流量 190,000 m^3/d，BOD_5及DO濃度分別為 1.0 mg/L和 7.0 mg/L，其下游只有一生活污水排入，污水量為10,000 m^3/d，水溫 20℃，BOD_5濃度 180 mg/L溶氧（DO）為 0 mg/L。若該河川之水質目標是乙類，其BOD_5濃度不得高於 2 mg/L，DO不得低於 5.5 mg/L。求該污水容許排入之最大污染量，及污水必須處理的程度。但已知河水與污水BOD之分解係數（k, 20℃以 10 為底）分別為 0.1 與 0.15 d^{-1}（日$^{-1}$），河水之脫氧係數（deoxygenation coefficient, k_1）及再曝氣係數（reaeration coefficient, k_2）分別為 0.2 及 0.4 d^{-1}（均為20℃以 10 為底），20℃之飽和DO=9.2 mg/L。（20 分）

【提示】污水排入河川後之臨界點的DO最低濃度為 $D_c=\dfrac{k_1L_0}{k}e^{-k_1\times t_c}$，流過時間為 $t_c=\dfrac{1}{k_2-k_1}\log\dfrac{k_2}{k_1}\left[1-\dfrac{D_0(k_2-k_1)}{k_1L_0}\right]$，式中$L_0$、$D_0$分別為污水排入點之混合後之BODu（remaining carbonaceous ultimate BOD）和溶氧飽和不足量（oxygen deficit）。

解答：

1. $D_C=5.5$，$k=0.15$，$L_0=2$

$$\therefore D_C=\frac{k_1L_0}{k}e^{-k_1\times t_C}$$

$$5.5=\frac{0.2\times 2}{0.15}e^{-0.2\times t_C}$$

$$2.06=e^{-0.2\times t_C}$$

$$0.72=-0.2t_C$$

$$t_C=-3.6$$

2. $$t_C=\frac{1}{k_2-k_1}\log\frac{k_2}{k_1}\left[1-\frac{D_0(k_2-k_1)}{k_1L_0}\right]$$

$$-3.6=\frac{1}{0.4-0.2}\log\frac{0.4}{0.2}\left[1-\frac{D_0(0.4-0.2)}{0.2\times 2}\right]$$

$$-3.6=5\times 0.3\left[1-\frac{D_0}{2}\right]$$

$$-2.4=1-\frac{D_0}{2}$$

$D_0=6.8$

3. 由 $\dfrac{190000\times 7+Q\times 0}{190000+Q}=6.8mg/L$

求得$Q = 5588m^3/D$……每天可排入之污水量

4. 再由$\frac{190000 \times 1 + 5588 \times BOD}{190000 + 5588} = 2mg/L$

求得$BOD = 36mg/L$……污水必須處理的程度

97年專門職業及技術人員高等考試建築師、技師考試暨普通考試記帳士考試、97年第二次專門職業及技術人員高等暨普通考試消防設備人員考試、普通考試不動產經紀人考試試題　代號：00650　全一頁

等　　別：高等考試
類　　科：環境工程技師
科　　目：給水及污水工程
考試時間：2 小時　　座號：__________

※注意：(一)不必抄題，作答時請將試題題號及答案依照順序寫在試卷上，於本試題上作答者，不予計分。
(二)可以使用電子計算器，但需詳列解答過程。

一、某地區海水中含有 30,000ppm NaCl 及 3,000ppm Na_2SO_4，試推估其滲透壓？請說明使用 RO 薄膜處理上述海水達自來水水質標準之規劃設計要點為何？（20 分）

解答：

1. 凡特荷夫方程式稀薄溶液中其滲透壓與濃度和絕對溫度成正比

   公式：$p = C_MRT$或$pV = nRT$

   〈Note〉若溶液為電解質則$p = IC_MRT$

   由$NaCl = Na^+ + Cl^-$，一個氯化鈉變成鈉離子，一變二，i = 2

   由$Na_2SO_4 = 2Na^+ + SO_4^{2-}$，一個硫酸納變成納離子與硫酸根離子，一變三，i = 3

   設溫度為室溫25℃

   30,000ppmNaCl = 30,000mg/LNaCl = 30g/L

   30gNaCl = 30/58.5 = 0.5128mol => C = 0.5128M

   $P = iCRT = 2\times0.5128\times0.082\times(25 + 273.15) = 25.07atm$

   3,000ppmNa_2SO_4 = 3g/LNa_2SO_4 = 3/142mol/L = 0.02113M

   $P = iCRT = 3\times0.02113 = 0.082\times(25 + 273.15) = 1.55atm$

2. 為了保護RO薄膜，前處理設備必須有砂濾槽及活性碳吸附槽以便去除水中較大型粒狀物質及有機物質，且應定出採水與排水比例、RO薄膜清洗頻率等。

二、某工廠廢水量為 10,000 m^3/day 水質為 50mg/L COD；規劃以活性碳吸附方式處理以達 10 mg/L COD 放流水水質標準，其等溫吸附模式為：

$$\frac{X}{M} = 0.002\,C^{1.39}$$

式中 $\frac{X}{M} = \frac{\text{COD去除量（mg）}}{\text{活性碳重量（mg）}}$，C = COD mg/L

請估計以分批式反應槽（Batch reactor）及固定床連續流（Continuous-flow, Fixed-bed column）操作時所需添加之活性碳量？（20 分）

解答：

$$\frac{10000\text{m}^3/\text{d} \times (50-10)\text{g/m}^3 \times 10^3}{\text{M(mg)}} = 0.002 \times (10)^{1.39}$$

$$\text{M} = 8.15 \times 10^9\text{mg}$$

$$= 8150\text{kg}$$

三、某操作人員擬以 10mg/L 明礬加入化學混凝池中，試估算其所需要之「鹼度」為多少 mg/L？相對地其所產生之污泥濃度為何？（20 分）

解答：

$$Al_2(SO_4)_3 \cdot 18H_2O + 3Ca(OH)_2 \rightarrow 2Al(OH)_3 + 3CaSO_4 + 18H_2O$$

1. 鹼度【$Ca(OH)_2$】：$\dfrac{\frac{10\text{mg/L}}{666}}{1} = \dfrac{\frac{X\text{mg/L}}{74}}{3}$

得X = 3.33mg/L

2. 污泥濃度【$Al(OH)_3$】：$\dfrac{\frac{10\text{mg/L}}{666}}{1} = \dfrac{\frac{X\text{mg/L}}{78}}{2}$

得X = 2.34mg/L

四、試規劃設計「生物」及「物化」單元操作試驗，分別求出污水處理廠中活性污泥池之「需氧量」及污泥濃縮池之「池底面積」，請分別說明其試驗程序、相關設計參數與設計基本模式。（25 分）

解答：

1. 需氧量：$U = a'Y + b'Z$

   U：kg/day

   Y：去除BOD（kg/day）

   Z：MLSS量（kg）

   $a' = 0.35 \sim 0.5kg-O_2/kg-BOD \fallingdotseq 0.5kg-O_2/kg-BOD$

   $b' = 0.05 \sim 0.24kg-O_2/kg-MLSS \fallingdotseq 0.1kg-O_2/kg-MLSS$

   需要空氣量：Q_{air}（m^3/day）；$Q_{air} = \frac{U}{0.23n\rho}$

   η：氧氣吸收效率，10%

   ρ：空氣密度，$1.29kg/m^3$

2. 污泥濃縮池之停留時間為12hrs，污泥濃縮池之有效深度為3m

   $$V = \frac{Q}{T} = \frac{Qm^3/hr}{12hrs}$$

   $$A = \frac{V}{D} = \frac{Vm^3}{3m}$$

3. 進流水水質可選低、中、高三種濃度，生物曝氣池水力停留時間可選6hrs、8hrs、10hrs三種，污泥迴流比可選定25%，生物曝氣池F/M值可設定在0.2～0.4，污泥齡（SRT）可選定10天

> 五、「節能減碳」為政府重要施政方針，請以自來水廠為例說明就「操作」與「維護」面提出可行之因應策略與實施方案。（15分）

解答：

1. 鋁鹽之回收

   加H_2SO_4使$Al(OH)_3$變成$Al_2(SO_4)_3 \cdot 6H_2O$

   即$2Al(OH)_3 + 3H_2SO_4 \rightarrow Al_2(SO_4)_3 \cdot 6H_2O$

2. 污泥之再利用

污泥固化成消波塊，或固化後填土、鋪路。

3. 渾水加氯：水在過濾前加氯處理，可改善混凝作用，減少沉澱池中有機物分解，可控制藻類及其他微生物，增加濾程。

96年專門職業及技術人員高等考試建築師、技師、法醫師考試暨普通考試記帳士考試、96年第二次專門職業及技術人員高等暨普通考試消防設備人員考試、普通考試不動產經紀人考試試題　代號：00650　全一頁

等　　別：高等考試
類　　科：環境工程技師
科　　目：水處理工程與設計（包括地下水污染與防治）
考試時間：2小時　　座號：＿＿＿＿＿＿

※注意：(一)可以使用電子計算器。
(二)不必抄題，作答時請將試題題號及答案依照順序寫在試卷上，於本試題上作答者，不予計分。

一、集水區（watershed）的排水面積（drainage area）為 4047 公頃，在此集水區域內有38%的面積，其最大逕流量為 0.0069 立方公尺／秒–公頃，其餘 62%面積的逕流量為 0.0046 立方公尺／秒–公頃，試計算輸送此逕流量所需要之雨水下水道的管徑大小。假設管線坡度為 0.12%，n = 0.011。（15 分）

解答：

$$流量Q = 4047公頃 \times (38\% \times 0.0069m^3/s.公頃 + 62\% \times 0.0046m^3/s.公頃)$$

$$= 22.15m^3/s$$

$$\because Q = A \times V = \frac{\pi}{4}D^2 \times \frac{1}{n} \times R^{2/3} S^{1/2}$$

$$\therefore 22.15 = \frac{\pi}{4}D^2 \times \frac{1}{0.011} \times \left(\frac{\frac{\pi}{4}D^2}{\pi D}\right)^{2/3} \times (0.12\%)^{1/2}$$

$$= \frac{\pi}{4}D^2 \times \left(\frac{D}{4}\right)^{2/3} \times \frac{1}{0.011} \times (0.12\%)^{1/2}$$

$$= D^{8/3} \times \frac{\pi}{4} \times \left(\frac{1}{4}\right)^{2/3} \times \frac{1}{0.011} \times (0.12\%)^{1/2}$$

$$D = 3.22m$$

二、活性污泥系統之進流水量為 37,850 m^3/d，曝氣槽中活性污泥的 MLSS = 2500mg/L，此 MLSS 在 1 L 量筒中，經沉降 30 min 後，污泥所佔體積為 275 mL，試計算活性污泥的 SVI（sludge volume index），並計算此活性污泥系統的迴流污泥濃度、迴流污泥水量及迴流比。（15 分）

解答：

1. $SVI=\frac{275/1000\times10^4}{2500mg/L}=110mg/L$

2. 迴流污泥濃度 $X_r=\frac{10^6}{SVI}=\frac{10^6}{110}=9090mg/L$

3. 由 $C_A=C_r\frac{r}{1+r}$

   $2500mg/L=9090mg/L\times\frac{r}{1+r}$

   r = 0.38……迴流比

4. 迴流污泥量 = $Q\times r=37850m^3/d\times0.38=14383m^3/d$

三、PhoStrip process 是加強型生物除磷（enhanced biological phosphorus removal）的獨特方法之一，試繪出 PhoStrip process 的處理流程，並詳細說明此方法的特色和各單元的功能及目的。（20 分）

解答：

1. phostrip process的流程

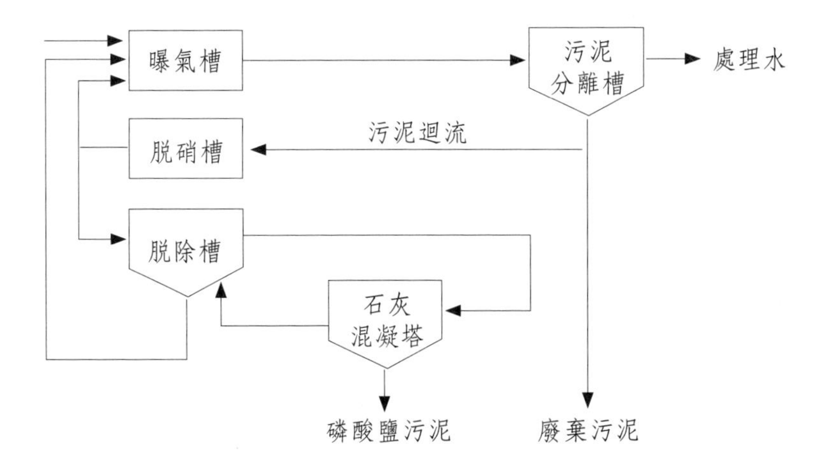

2. 特色

(1)可同時去除有機C及N.P.

(2)磷的去除效率高

(3)石灰用量比化學除磷小

(4)很容易與現有活性污泥系統合併

3. 曝氣槽：硝化、攝P

脫硝槽：脫硝、除BOD

脫除槽：酸化、釋P

石灰混凝塔：化學除P

四、初沉池的操作資料如下：

流量 = 0.150 m^3/s　　進流 SS = 280 mg/L

SS 去除率 = 59%　　沉澱污泥濃度 = 5%

污泥揮發性固體物 = 60%　　污泥揮發性固體物比重 = 0.990

污泥安定性固體物 = 40%　　污泥安定性固體物比重 = 2.65

(一)試計算每日初沉污泥的產量為多少 m^3/d？（10 分）

(二)又批次沉降試驗結果顯示，上述初沉污泥之固體物濃度和沉降速度的關係如下表，若初沉污泥以重力濃縮方式，將污泥濃縮至底流固體物濃度（underflow solids concentration）為 10%，則所需濃縮池面積為何？（15 分）

固體物濃度(%)	沉降速度(m/d)	固體物濃度(%)	沉降速度(m/d)
10	0.125	2	5.30
8	0.175	1	34.0
6	0.30	0.5	62.0
5	0.44	0.4	68.0
4	0.78	0.3	76.0
3	1.70	0.2	83.0

解答：

$0.15m^3/s \times 60S \times 60mins \times 24hrs \times 280mg/L \times 59\% \times 10^{-6}$噸/g

$= 2.14$噸

$2.14 \times 60\% \div 0.99 = 1.30m^3/d$

$+ 2.14 \times 40\% \div 2.65 = 0.32m^3/d$

總污泥體積 $= 1.62m^3/d$

1. $62m^3/d \div 5\% = 32.4m^3/d$……含水污泥體積
2. 由表可知沉澱污泥濃度為10%時，沉降速度為0.125m/d

$$A = \frac{Q}{A} = \frac{32.4m^3/d}{0.125m/d} = 259m^2$$

五、影響生物復育（bioremediation）的因子（factors）和條件（conditions）為何？air-sparging system 為工程的現地生物復育（engineered in situ bioremediation）技術之一，試繪出示意圖並詳細說明 air-sparging system 在土壤和地下水污染整治的配置、操作和應用。（25 分）

解答：

1. 影響生物復育的因子和條件有：土壤濕度、溫度、土壤孔隙率、土壤中空氣含量或含氧量、土壤中有機物：N：P：Fe = 100：5：1：0.5
2. AS的操作原理是使地表下的石油碳氫化合物揮發，是用空氣機將空氣直接注入地表下，空氣曝氣時常和SVE系統合併操作，AS對地表下產生壓力，污染物會橫向或垂直膨脹移動，應往上抽出經水洗或活性碳吸附，才不會引起健康或曝露的危害。

95年專門職業及技術人員高等考試建築師、技師考試暨普通考試不動產經紀人、地政士考試試題 代號：00650 全一頁

等　　別：高等考試
類　　科：環境工程技師
科　　目：水處理工程與設計（包括地下水污染與防治）
考試時間：2 小時　　座號：＿＿＿＿＿＿

※注意：(一)可以使用電子計算器。
(二)不必抄題，作答時請將試題題號及答案依照順序寫在試卷上，於本試題上作答者，不予計分。

一、有一抽水系統抽水井之平均水位高程為 10 m，用一離心式抽水機抽水到水塔，其平均水位為 20 m。若抽水機之特性曲線可用 $H=20-1.5Q^2$ 表示，H 為總揚程，單位為 m；Q 為抽水量，單位為 m^3/sec。若抽水管與送水管之管徑均為 1,000 mm，管長共 4 km，摩擦係數 f 為 0.015。求抽水系統之抽水量、操作水頭及抽水機之理論馬力。（20 分）

解答：

1. 由 $h=f\dfrac{L}{D}\dfrac{V^2}{2g}=0.015\dfrac{4000}{1}\dfrac{2^2}{2\times 9.8}=12m$

（假如管中水流速為2m/sec）

操作水頭 $H = 10m + 20m + 12m = 42m$

2. 由 $H = 20 + 1.5Q^2$

$42 = 20 + 1.5Q^2$

$Q = 3.8m^3/sec$

3. 由 $H_p=\dfrac{HQ\gamma}{750}=\dfrac{42\times 3.8\times 9800}{750}=2085Hp$

二、某一幹管內徑為 2,000 mm，外徑為 2,300 mm，外壓強度 4,200 kg/m，覆土深 4 m，開挖寬 3 m，回填土為黏土質，單位體積重量 1.7 t/m^3，土壤之載重係數（loading coefficient）$C_d=1.3$。若該管埋在車道下，車輛以 H-20 設計，求水管所受之土壤荷重和活荷重。（20 分）

解答：

1. 土壤荷重 $P_1 = \frac{WHB_d}{B_c} = \frac{1.7 \times 10^3 \times 4 \times 3}{2.3} = 8870kg$

W：單位體積重量

H：覆土深

B_d：開挖寬

B_c：管外徑

2. 活載重 $P_1 = \frac{C_d W B_d^2}{B_c} = \frac{1.3 \times 1.7 \times 10^3 \times 3^2}{2.3} = 8648kg$

C_d：載重係數

三、如果您是環工技師，替某鎮設計活性污泥法處理生活污水（二級處理），預計處理人口 100,000 人，處理水之 BOD＝20 mg/L（其中溶解之 BOD 占 60%），SS＝15 mg/L。㈠請列出處理流程，㈡求初沈池之尺寸，㈢求活性污泥曝氣槽之體積。假設曝氣槽污泥平均細胞停留時間 θ_c＝10 天，微生物轉換係數 Y＝0.6，分解係數 k_d＝0.02 1/d。但已知公式 $V = \frac{YQ\theta_c(S_0 - S_e)}{X(1 + k_d\theta_c)}$，$S_0$、$S_e$ 分別為進出流水之機質濃度。（25 分）
（註：所需各項數據，請自行合理假設。）

解答：

1.

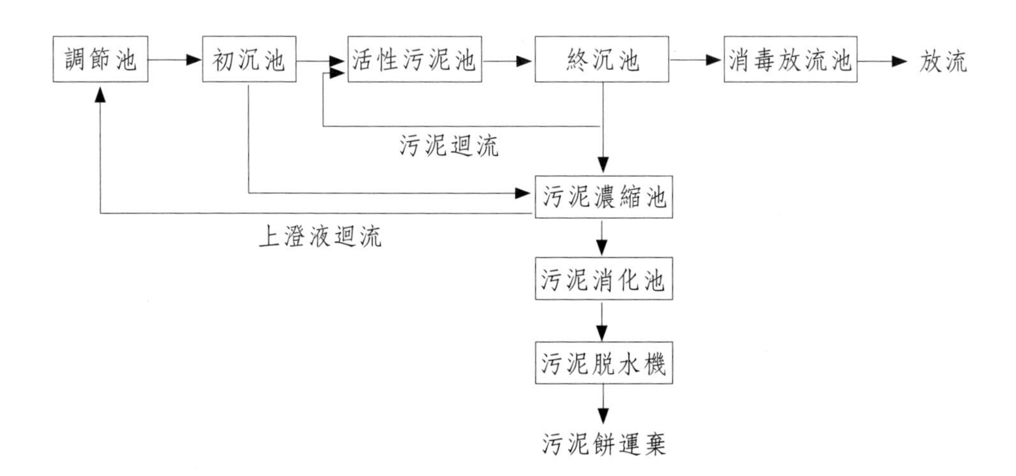

2. $Q = 0.3m^3$/人・日×100000人×1.2（安全係數） = $36000m^3$/日

假設活性污泥曝氣池MLSS = 3000mg/L

假設污水BOD濃度為250mg/L

初沉池體積$V = Q \times T = 36000m^3$/日×1.5hrs/24hrs = $2250m^3$

假設池深3m

$$2250m^3 = 3m \times \frac{\pi}{4}D^2$$

D = 30m……直徑

3. 由 $V = \dfrac{YQ\theta_c(S_0 - s_e)}{X(1 + k_d\theta_c)}$

$$= \frac{0.6 \times 36000 \times 10 \times (250 - 20) \times 60\%}{3000(1 + 0.02 \times 10)}$$

$= 8280m^3$……曝氣池體積

四、有一淨水廠每日處理 50,000 m^3/d 自來水，採用混凝沈澱處理，若膠凝池用明輪式（paddle type）膠凝機混合，試設計膠凝池之體積及膠凝機之動力，但動力機件之效率為 0.85，水之黏滯係數μ =0.001 kg/m/sec。（20 分）
（註：所需各項數據，請自行合理假設。）

解答：

1. 設膠凝池停留時間為20mins

$$V = Q \times T = 50000m^3/d \times \frac{20mins}{24hrs \times 60mins} = 694m^3$$

2. 設膠凝池之G值為50

由 $G = \sqrt{\dfrac{P}{V\mu}}$

$$50 = \sqrt{\frac{P}{694 \times 0.001}}$$

P = 1735W

膠凝求動力 $= \dfrac{1735}{0.85 \times 750} = 2.72HP$

選用3HP

五、用土壤處理家庭污水應考慮那些因素，才不會造成環境與土壤的污染？（15 分）

解答：

1. 達放流水標準才可做土壤處理。
2. 應依法申請，核准後始可做土壤處理。
3. 應設監測井，定期監測地下水是否有受到污染。

94年專門職業及技術人員高等考試建築師、技師考試暨普通考試不動產經紀人、地政士、記帳士考試試題　代號：00650　全一頁

等　　別：高等考試
類　　科：環境工程技師
科　　目：水處理工程與設計（包括地下水污染與防治）
考試時間：2小時　　座號：＿＿＿＿＿＿

※注意：㈠不必抄題，作答時請將試題題號及答案依照順序寫在試卷上，於本試題紙上作答者，不予計分。
㈡可以使用電子計算器，但需詳列解答過程。

一、試分別說明自來水中總三鹵甲烷、溴酸鹽之成因及其現在與明年（民國95年）7月1日起施行之水質標準為何？（20分）

解答：

1. 總三鹵甲烷為THM中的$CHCl_3$, $CHBrCl_2$, $CHBr_2Cl$, $CHBr_3$四種總稱為TTHM，為THM中所占比例較大者，是自來水殺菌消毒處理後的副產物，為致癌物，是腐植質、單寧等有機物與氯反映的結果。
2. 溴酸鹽也是加溴消毒處理後的副產物。
3. 總三鹵甲烷：0.2mg/L。

二、某壓力水井（管徑600公厘）之地下含水層因受三氯乙烯之污染，準備採用抽水及處理方式復育，已知該含水層之蓄水係數$S = 3.4 \times 10^{-5}$，輸水係數$T = 400\ m^3/m \cdot day$，若抽水量維持固定為$Q = 3800\ m^3/day$，試計算㈠抽水10天後，水位洩降s為多少？㈡抽水10天後，停抽5天，則其水位洩降為多少？（20分）
（註：水井函數公式為

$$W(u) = \int_u^\infty \frac{e^{-u}}{u} du$$

$$= -0.5772 - \ln \mathbf{u} + \mathbf{u} - \frac{\mathbf{u}^2}{2 \times 2!} + \frac{\mathbf{u}^3}{3 \times 3!} - \frac{\mathbf{u}^4}{4 \times 4!} + \cdots + (-1)^{\mathbf{n}-1} \frac{\mathbf{u}^\mathbf{n}}{(\mathbf{n})(\mathbf{n}!)} + \cdots \quad , \mathbf{u} = \frac{\mathbf{r}^2\mathbf{S}}{\mathbf{4Tt}}$$）

解答：

$$d = \frac{Q}{4\pi T} \ln \frac{2.25Tt}{r^2S}$$

$$d_{10} = \frac{3800}{4\pi \times 400} \ln \frac{2.25 \times 400 \times 10}{(0.3)^2 \times 3.4 \times 10^{-5}} = 16.48m$$

	Q_1	Q_2
1	3800	
2	3800	
3	3800	
4	3800	
5	3800	
6	3800	
7	3800	
8	3800	
9	3800	
10	3800	
11	3800	-3800
12	3800	-3800
13	3800	-3800
14	3800	-3800
15	3800	-3800

$$d_1 = \frac{3800}{4\pi \times 400} \ln \frac{2.25 \times 400 \times 15}{(0.3)^2 \times 3.4 \times 10^{-5}} = 16.78\text{m}$$

$$d_2 = \frac{-3800}{4\pi \times 400} \ln \frac{2.25 \times 400 \times 5}{(0.3)^2 \times 3.4 \times 10^{-5}} = -15.95\text{m}$$

$$d = d_1 + d_2 = 16.78 - 15.95 = 0.83\text{m}$$

三、假定有一抽水站位於標高 500 公尺處，其所用抽水機需要維持 $NPSH_{reqd}$ 30 kPa，水溫為 30℃（水蒸汽壓為 4.3 kPa），若抽水系統之摩擦水頭損失及進水損失等共為 15 kPa，試求其允許之吸水高度為多少公尺？（20 分）
（註：大氣壓力下降率為−1.2 m/1000m）

解答：

$Hsv = Ha - Hp + Hs - He$

Hsv：有效淨吸水高度

Ha：大氣壓力

Hp：蒸氣壓力

Hs：吸水淨揚程

He：吸水管內各損失頭和

∵標準狀況下1atm = 10.3m水柱高之水壓

$Ha = 10.3m - 1.2m/1000m \times 500m = 9.7m$

$Hp = 4.3kPa$

$Hs = 30kPa$

$He = 15kPa$

$\therefore Hsv = 9.7m + (-4.3 + 30 - 15)kPa$

$= 9.7m + 10.7kPa$

$\because kPa = 10^3 Pa$

$Pa = N/m^2 = 9.8kg/m^2 = 9.8 \times 10^{-3} m^3/m^2$

$\therefore kPa = 9.8m^3/m^2 = 9.8m$水柱高之水壓

$\therefore Hsv = 9.7m + 10.7 \times 9.8m$

$= 114.56m$

四、試詳細說明利用曲線號碼（Curve number, CN）求小流域開發前、後之設計暴雨尖峯逕流量與總逕流量之過程（SCS 法）。（20 分）

解答：

1. 總逕流量即有效降雨量或累積超滲降雨量（mm）

$$P_e = \frac{(P - 0.2S)^2}{P + 0.8S}$$

$$S = \frac{25400}{CN} - 254$$

P_e：累積超滲降雨量

P：累積降雨量

S：包括初期扣除量之最大滯留量

CN：SCS曲線號碼，由土壤種類地表覆蓋、耕作方式、土地利用等條件決定

由CN值可求得S再由S及P可求得P_e

P_e即總逕流量或稱累積超滲降雨量

2. 洪峰流量

$Q_p = 0.208 \times A \times P_e/T_p$

Q_p：洪峰流量（cms）

A：流域面積（km^2）

P_e：超滲雨量（mm）

T_p：開始漲水至洪峰發生之時間（hr）

由A，P_e，T_p可求得Q_p

五、試比較重力沉澱池與重力沉砂池之原理與設計上之差異。（20分）

解答：

1. 沉砂池僅希望去除比重較重的砂子，單純是無機物的砂子處分時較容易，可直接做鋪路、填土等回收再利用，所以水力停留時間較短，僅30～60secs，面積負荷較大，達1800～3600$m^3/m^2 \cdot day$。
2. 沉澱池希望能去除所有的粒狀物質，含比重較輕的有機物質，污泥一般都需要再濃縮、消化、脫水處理，所以水力停留時間較長，約3hrs，面積負荷較小，約20～50$m^3/m^2 \cdot day$。

九十三年專門職業及技術人員高等考試建築師、技師、民間之公證人暨普通考試不動產經紀人、地政士考試試題 代號：00650 全一頁

等　　別：高等考試
類　　科：環境工程技師
科　　目：水處理工程與設計（包括地下水污染與防治）
考試時間：二小時　　座號：＿＿＿＿＿

※注意：(一)不必抄題，作答時請將試題題號及答案依照順序寫在試卷上，於本試題上作答者，不予計分。
(二)可以使用電子計算器。

一、飲用水水質標準（92年5月7日修正發布）中有關總硬度之規定，依現行標準為400 mg/L（as $CaCO_3$），而自94年7月1日起則為150 mg/L（as $CaCO_3$）。(一)假設有一飲用水水源之水體其鈣硬度為160 mg/L（as $CaCO_3$），鎂硬度30 mg/L（as $CaCO_3$），總鹼度為210 mg/L（as $CaCO_3$），若採用化學軟化法處理，以符合150 mg/L（as $CaCO_3$）之標準，該如何處理？請以流程圖及詳細計算式量化說明。(二)又假設有另一飲用水水源之水體其鈣硬度為100 mg/L（as $CaCO_3$），鎂硬度100 mg/L（as $CaCO_3$），總鹼度為210 mg/L（as $CaCO_3$），若採用化學軟化法處理，以符合150 mg/L（as $CaCO_3$）之標準，則又該如何處理？也請以流程圖做簡要說明。(三)實務操作上採用化學軟化法處理後鈣與鎂硬度最低大約是多少（as $CaCO_3$）？（25分）

解答：

(一) 總鹼度即碳酸鹽硬度，又鈣硬度較高，所以主要要去除 $Ca(HCO_3)_2$，把160mg/L鈣硬度去除即可，用石灰法：

$$\therefore CaO + H_2O \rightarrow Ca(OH)_2$$

$$Ca(OH)_2 + Ca(HCO_3)_2 \rightarrow 2CaCO_3 \downarrow + 2H_2O$$

$$\frac{X}{40+(17)\times 2} = \frac{160}{40+(61)\times 2}$$

$X = 27mg/L$……即 $Ca(OH)_2$ 所需添加量

(二) 鈣、鎂硬度藥都能去除，所以只能用超量石灰法

$$Ca(OH)_2 + Ca(HCO_3)_2 \rightarrow 2CaCO_3 \downarrow + 2H_2O$$

$$\frac{X}{40+(17)\times 2} = \frac{100}{40+(61)\times 2}$$

$X = 46mg/L$……因鈣硬度所加的 $Ca(OH)_2$ 量

$$Ca(OH)_2 + Mg(HCO_3)_2 \rightarrow CaCO_3 + MgCO_3 \downarrow + 2H_2O$$

$$\frac{X}{40+17\times 2}=\frac{100}{24+61\times 2}$$

X = 51mg/L……因鎂硬度需加$Ca(OH)_2$的量

$$\frac{100}{24+61\times 2}=\frac{X}{24+61}$$

X = 58mg/L……$MgCO_3$產生量

$MgCO_3 + Ca(OH)_2 \rightarrow CaCO_3\downarrow + Mg(OH)_2\downarrow$

$$\frac{58}{24+60}=\frac{X}{40+17\times 2}$$

X = 51mg/L……因鎂硬度$Ca(OH)_2$需添加量

∴46 + 51 + 51 = 148mg/L……超量$Ca(OH)_2$總添加量

(三) 大約在20～40mg/L

二、有某一加油站主要供應汽油與柴油，該場址內的單一土壤採樣點與單一地下水監測井經採樣分析調查後發覺有汽油污染的可能，採樣分析結果如下：土壤總石油碳氫化合物(TPH)：TPHg：2000 mg/kg（汽油），TPHd：250 mg/kg（柴油）【*TPH：1000 mg/kg*】，苯： 20 mg/kg【*5 mg/kg*】，甲苯：600 mg/kg【*500 mg/kg*】，乙苯：400 mg/kg【*250 mg/kg*】；地下水的苯：2.5 mg/L【*0.05 mg/L*】，甲苯：60 mg/L【*10 mg/L*】，乙苯：40 mg/L，總酚：5.6 mg/L【*0.14 mg/L*】【*括號內之數字為該污染物之管制標準值，提供參考*】。假如調查資料顯示該污染場址之土壤為砂質壤土，且相當均質，土壤平均滲透係數(K)約 0.0003 cm/sec，非飽和層厚約 5 公尺，第一含水層厚約 6 公尺，平均水力坡降約 5/10000。地下水之 DO 約 0.2 mg/L，ORP 約-50 mV，總異營性菌數約 10^5 CFU/mL。請建議可行的污染改善方法、流程與該流程主要的操作參數，並做簡要之說明。(25 分)

解答：

(一) 改善方法：

先以物理性的把油及油氣抽除，再以化學方法氧化殘留油，若尚未達標準再以生物處理方法處理，若尚有小區塊污染物，可再以挖除處理。

(二) 抽油、抽氣→化學處理→生物處理→污染團塊挖除→自主驗證→解除列管。

(三) 生物處理時控制參數

BOD：N：P：Fe＝100：5：1：0.5

DO值最好能在0.5mg/L以上

(四) 說明：

1. 以先抽地下水中上浮的油層，將其抽至地面，再經油水分離層器及活性碳吸收處理才能排放。
2. 抽氣把土壤中的油氣抽除，抽出的油氣需經活性碳吸收後，才可排放。
3. 化學處理一般添加H_2O_2或奈米級的零價鐵，用以氧化破壞油成分中的分子結構。
4. 加除油菌及酵素是要以生物分解殘留低濃度的油。
5. 若剩下小區塊不易去除的污染物團塊可以挖除，換乾淨土的方式處理。

三、假設脫硝反應以甲醇為碳源的化學計量式為：$NO_3^- + 1.08\ CH_3OH \rightarrow 0.065\ C_5H_7O_2N + 0.47\ N_2 + 0.76\ CO_2 + 1.44\ H_2O + OH^-$。有一事業廢水只含硝酸鹽（假設其餘的可忽略不計），其濃度為 250 mg/L，假設該廢水擬採添加甲醇的脫硝處理法處理使其放流水符合（即小於或等於）50 mg/L 的放流標準，若採用完全混合槽且污泥不迴流的系統處理，首先請將本處理流程簡要繪出，並請估算出甲醇的添加量應為多少？放流水中甲醇的濃度為何？由殘留的甲醇所形成的 BOD 值又多少（假設污泥沉降良好，可忽略放流水中懸浮固體物（SS）對 BOD 的貢獻量）？假設此廢水並不含磷，則需添加多少磷至本處理系統中？（25 分）

解答：

(一)

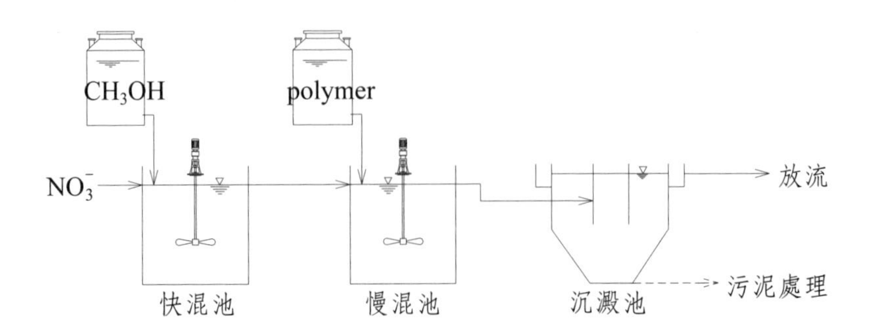

(二) 甲醇添加量

$$\frac{25}{14+16\times 3}\times 1.08\times(12+16+4)=139\text{mg/L}$$

(三) 放流水中甲醇濃度

$$\frac{50}{14+16\times 3}\times 1.08\times(12+16+4)=28\text{mg/L}$$

(四) 甲醇形成BOD：$\frac{12}{12+16+4}=10.5\text{mg/L}$

(五) 需添加磷

BOD：N：P = 100：5：1

$\therefore$ 為 $10.5\text{mg/L}\times\frac{1}{100}=0.105\text{mg/L}$

> 四、生活污水處理廠採生物處理所產生的廢棄污泥（wasted sludge）最近又被稱為生物固體物（biosolids），請由資源再利用的觀點說明二種可能的生物固體物有效性再利用（beneficial reuse）的方式，與其可供有效性再利用的理由。（25 分）

解答：

(一) 當肥料：含有機物C源及N.P.。

(二) 經厭氧硝化可產生甲烷：含有機物，經酸化再甲烷化後可產生沼氣，提供為燃料使用。

九十二年專門職業及技術人員律師、會計師、建築師、技師
社會工作師、土地登記專業代理人檢覈筆試試題 代號：30920 全一頁

類　　科：環境工程技師
科　　目：污水工程與設計
考試時間：二小時　　　　　　　　　　　　　　　座號：＿＿＿＿＿＿

※注意：(一)不必抄題，作答時請將試題題號及答案依照順序寫在試卷上，於本試題上作答者，不予計分。
(二)可以使用電子計算器，但需詳列解答過程。

一、某一集水區面積 150 公頃，其中住商混合區面積 75 公頃，文教及行政區面積 15 公頃，工業區面積 45 公頃，公園綠地面積 15 公頃，若該地區之降雨強度為$I=\frac{7748}{t+46.22}$，則該集水區：

(一)排水幹管之計畫逕流量若干？（10 分）

(二)幹管之管徑若干？（10 分）

(三)若需以抽水排水，其總揚程為 5m，則其抽水機之設計台數及口徑各若干？（20 分）

（所有數據自行合理假設）。

解答：

(一) 平均 $C=\frac{75\times50\%+15\times60\%+45\times80\%+15\times10\%}{150}$

$=\frac{38+9+36+1.5}{150}$

$=0.56$

降雨強度 I：mm/hr

$\therefore I=\frac{7748}{60+46.22}=73\text{mm/hr}$

$Q=\frac{1}{360}CIA=\frac{1}{360}\times0.56\times73\times150$

$=17\text{m}^3/\text{s}$

(二) Q = VA

設V = 2m/s

$Q=2\times\frac{\pi}{4}D^2=17$

得D = 3.28m

(三) $Hp=\frac{5\times 17\times 9800}{750}=1110Hp$

可分成375Hp×3台

每台流量 $Q=\frac{17}{3}=5.6\ m^3/s$

$Q = VA$

設 $V = 2m/s$

$5.6=2\times\frac{\pi}{4}D^2$

求得D = 1.892m = 1892mm

> 二、某一地區面積 150 公頃，人口密度 500 人/公頃，其污水擬收集後以二級生物處理後納入灌溉圳道混合供灌溉用水再利用，試計算並設計下列：
> (一)污水處理廠設計最大小時、最大日污水量各若干？（10 分）
> (二)設計污水水質及處理水水質應若干？其考量背景如何？（10 分）
> (三)污水處理流程（含污泥）及其考慮背景？（15 分）
> (四)污水處理廠初步設計、配置及其考慮背景如何？（25 分）
> （所有數據自行合理假設）。

解答：

(一) 500人/公頃×150公頃 = 75000人

設每人每天平均水量：300L/人・D

平均日汙水量 = 300L/人・D×75000人 = $22500m^3/D$

最大小時 = 22500×2.5 = $56250m^3/D$

最大日時 = 22500×1.3 = $29250m^3/D$

(二) 進流水水質：BOD：250mg/L

SS：250mg/L

處理後水質：BOD：20mg/L以下

SS：20mg/L以下

N：10mg/L以下

P：1mg/L以下

處理後水質應達灌溉水排放標準

(三)

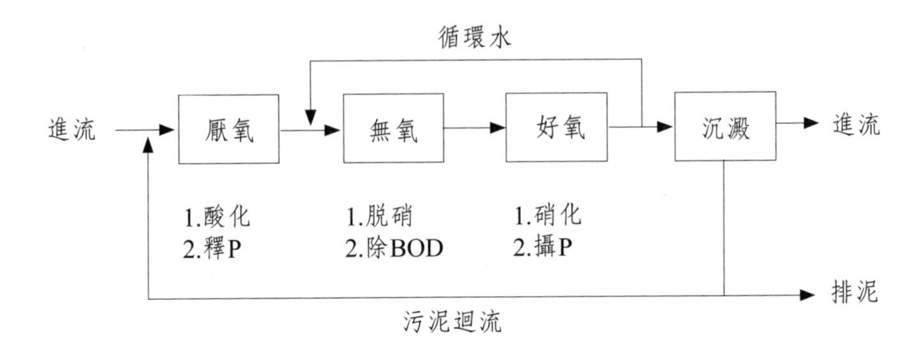

應選可同時去除N.P.的A_2O生物處理系統

(四) 以最大日水量設計，取$Q = 3000m^3/D$

調節池$V = Q \times T = 3000m^3/D \times 8/24$日 $= 10000m^3$

厭氧池$V = Q \times T = 3000m^3/D \times 6/24$日 $= 7500m^3$

無氧池$V = Q \times T = 3000m^3/D \times 4/24$日 $= 5000m^3$

好氧池$V = Q \times T = 3000m^3/D \times 4/24$日 $= 5000m^3$

沉澱池$V = Q \times T = 3000m^3/D \times 3/24$日 $= 3750m^3$

設池深均為4m

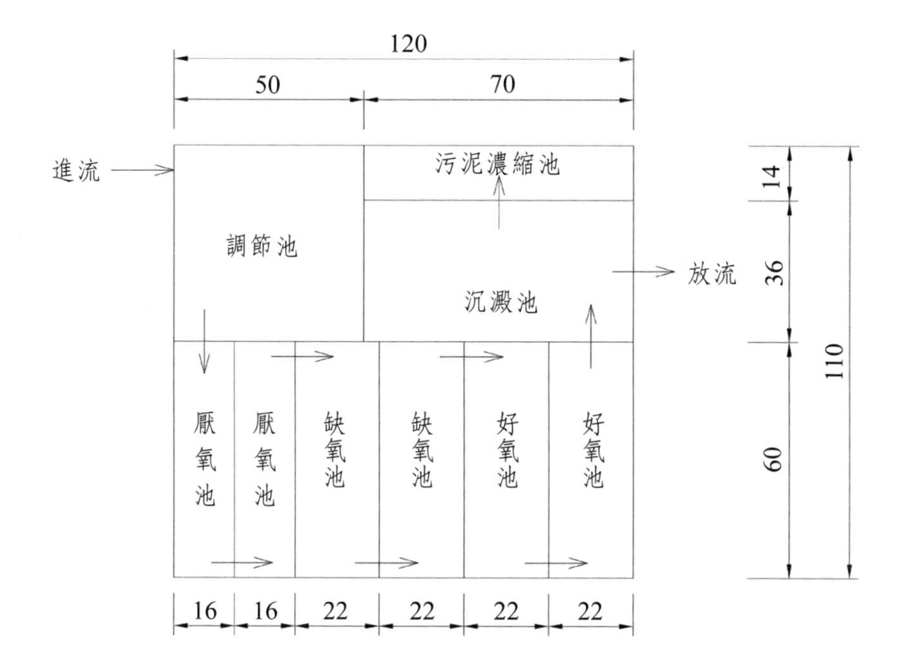

應考濾水池池底平整好一次打底施工。

應考慮水池四面平整美觀模板好施工。

應考慮處理流程流暢，儘量用重力流，少用泵浦打。

九十一年第一次專門職業及技術人員	律師、會計師 建築師、技師 社會工作師 土地登記專業代理人	檢覈筆試試題	代號：0720	全一頁

類　　科：環境工程技師

科　　目：污水工程與設計

考試時間：二小時　　　　座號：＿＿＿＿＿＿

※注意：(1)不必抄題，作答時請將試題題號及答案依照順序寫在試卷上，於本試題上作答者，不予計分。
(2)本試題可使用電子計算器，使用電子計算器計算之試題，需詳列解答過程。

一、有一污水管內徑 600 mm 作管溝埋設，管厚 10 cm，溝深 3 m，土壤單位體積重 $W=1800\ kg/m^3$，且污水管埋於幹道下，水管每節 5 m，若不計管之自重。

㈠若覆土之載重係數（loading coefficient）$C_d=1.2$，求水管所承受之覆土荷重。（9 分）

㈡若水管埋設在幹道下，求其所承受卡車（以 H-20 計）之車輪荷重，但已知車輪之載重係數 $C_s=1.1$。（9 分）

㈢若水管管承（pipe bedding）採用 Class C，其載重因子（loading factor）為 1.5，求該污水管所需的裂紋強度。（7 分）

解答：

(一)

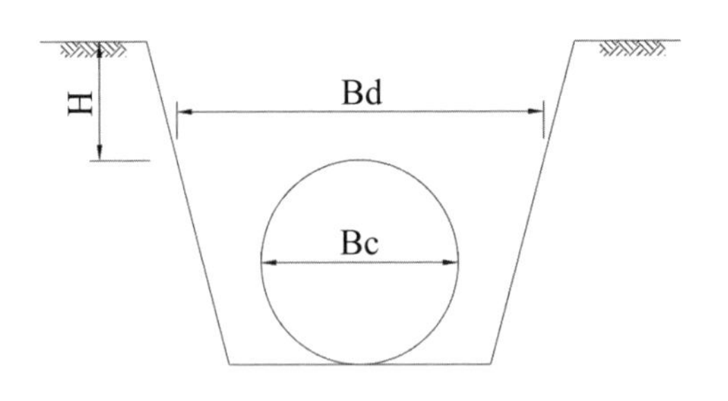

W：土壤單位體積重

Bc：管外徑

∵載重係數C_d：$\frac{H}{B_d}$

$\therefore B_d = \dfrac{H}{C_d}$

$P_1 = \dfrac{C_d W B_d^2}{Bc}$

$= \dfrac{1.2 \times 1800 \times \left(\dfrac{3}{1.2}\right)^2}{0.6 + 0.1 \times 2}$

$= \dfrac{13500}{0.8} = 16875 kg/m^2$

(二) 載重係數 $Cs = \dfrac{0.3188c}{Kr}$

r：至管後中心之半徑

K：外壓載重及支承條件所決定之係數

$1.1 = \dfrac{0.318(0.6 + 0.1 \times 2)}{K\left(\dfrac{0.6}{2} + \dfrac{0.1}{2}\right)}$

$1.1 = \dfrac{0.318 \times 0.8}{K \times 0.35}$

求得$K = 0.66$

$M = Kqr^2$

H-20即T-20即車重20t，後車輪載重約8t

$8000kg = 0.66 \times q \times \left(\dfrac{0.6 + 0.1}{2}\right)^2$

$q = 98948 kg/m^2$

(三) $16785 kg/m^2 + 98948 kg/m^2 = 115823 kg/m^2$

$115823 kg/m^2 \times 1.5 = 173735 kg/m^2$

二、有一污水加壓站之抽水機的特性曲線如下表。抽、送水管管徑均為 400 mm，總長 1000 m，Darcy 公式之摩擦係數 f=0.015。該抽水站用 2 台抽水機並聯抽水時，靜水頭 15 m，求其抽水量與理論馬力。但不計次要損失。（25 分）

抽　水　量，Q（cms）	揚　程，H（m）
0.00	25.0
0.05	23.4
0.10	22.9
0.15	20.0
0.20	15.6

解答：

由 $h_f = f\dfrac{L}{D}\dfrac{V^2}{2g}$

設 $V = 2m/s$

$$h_f = 0.015 \times \frac{1000}{0.4} \times \frac{2^2}{2 \times 9.8}$$

$= 7.7m$

$H = 15 + 7.7 = 22.7m$

由題中H-Q表可對得 $Q \fallingdotseq 1m^3/s$

再由 $Hp = \dfrac{HQr}{750}$，r為水比重 $9800N/m^3$

$$= \frac{22.7 \times 1 \times 9800}{750}$$

$= 297Hp$

三、有一社區污水之水量為 10000 cmd，生污水性質 BOD_5 為 200 mg/l、SS（懸浮固體物）為 200 mg/l，VSS（揮發性懸浮固體物）與 SS 之比值為 0.8，VSS 比重為 1.05，FSS（fixed SS）比重為 1.5，以傳統式活性污泥法做二級處理，求：
㈠曝氣槽之體積、MLSS（混合液懸浮固體物）之濃度與返送污泥量，以及需氧量。（25 分）
㈡產生之污泥量。（5 分）
㈢若經厭氣消化可分解掉 60%之 VS，求消化前後之污泥流量與消化槽之體積。（20 分）

解答：

(一) 設 $F/M = 0.3 \times \dfrac{Q \times BOD}{MLSS \times V}$

設MLSS = 2000mg/L

$$0.3 = \frac{10000m^2/D \times 200mg/L \times 10^{-3}}{2000mg/L \times V \times 10^{-3}}$$

$V = 3333m^3$……曝氣槽體機

設迴流比r = 25%

則反送污泥量 = $1000m^3/D \times 25\% = 2500m^3/D$

需氧量 = $BOD \times Q \times 10^{-3} \times 0.5 + MLSS \times V \times 10^{-3} \times 0.1$

$= 200mg/L \times 10000m^3/D \times 10^{-3} \times 0.5 + 2000mg/L \times 3333m^3 \times 10^{-3} \times 0.4$

= 1000kg/D + 666kg/D

= 1666kg/D

(二) 污泥產量 = $BOD \times Q \times 10^{-3} \times 0.5 - MLSS \times V \times 10^{-3} \times 0.1$

= 1000kg/D − 666kg/D

= 334kg/D……絕乾污泥

SS造成之污泥 = $200mg/L \times 10000m^3/D \times 10^{-3} = 2000kg/D$

334 + 2000 = 2334kg/D

設污泥餅含水率80%

則產生 $\dfrac{2334}{(1-80\%)}$ = 11670kg/D之污泥餅

(三) 2334kg/D×0.8 = 1867kg/D...VSS

1867kg/D×(1 − 60%) = 746kg/D……殘存VSS

2334kg/D − 1867kg/D = 467kg/D……FSS

設含水率98%

$\left(\frac{746}{1.05}+\frac{467}{1.5}\right)\times 10^{-3}\div(1-98\%)$

$= 51m^3/D$……消化後流量

$\left(\frac{2334\times 0.8}{1.05}+\frac{2334\times 0.2}{1.5}\right)\times 10^{-3}\div(1-98\%)$

$= 104m^3/D$……消化前流量

消化槽體積 $V=\frac{1}{2}(Q_1+Q_2)\times T$

設消化日數為14日，Q1、Q為消化前後之污泥流量

$V=\frac{1}{2}(51+104)\times 14$

$= 1085m^3$

九十年第二次專門職業及技術人員 律師、會計師、建築師、技師 社會工作師 土地登記專業代理人 檢覈筆試試題 代號：0820 全一頁

類　　科：環境工程技師
科　　目：污水工程與設計
考試時間：二小時　　　　座號：＿＿＿＿＿

※注意：(1)不必抄題，作答時請將試題題號及答案依照順序寫在試卷上，於本試題上作答者，不予計分。
(2)本試題可使用電子計算器，使用電子計算器計算之試題，需詳列解答過程。
(3)必要時請做合理的假設，但須說明該假設之理由。題目已有的參數或條件，則不應再做任何假設。

一、某水源保護區內有一既設的生活污水處理廠，該廠為典型的傳統活性污泥系統，其放流水的BOD及SS均可符合放流水標準，但氮與磷卻未能符合該水源保護區的放流水標準，若你的工作是被要求在最經濟可行的前提下提出該廠的改善方案，以使其放流水在BOD、SS、N與P各方面均能符合該水源保護區的放流水標準，請問(一)你對該廠的評估程序為何？(二)你所建議的改善方案為何？為什麼？（30分）

解答：

(一) 對該污水廠評估程序如下：

1. 從進流水與放流水的水質、水量、估算污水廠各處理單元現有容積，是否足夠。
2. 了解污水廠各處理單元是否在最佳操作狀態下。
3. 針對氮、磷的去除功能，應改變成可同時去除氮磷的A_2O系統或是SBR系統。
4. 現有流程改成A_2O最方便。

(二) 1. 建議改成A_2O系統。

2. A_2O系統需較多生物池且需沉澱池與傳統活性污泥法較接近如下圖：

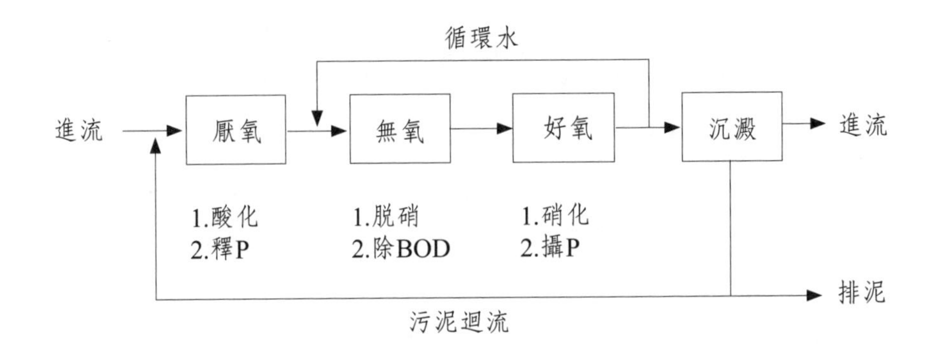

二、若你任職某環境工程顧問公司，你受聘至某食品廠以輔導該食品廠的廢水處理廠（其廢水以 BOD、SS 污染為主，有少量植物性油脂），該廢水處理廠為典型的延長曝氣活性污泥系統，但該廢水處理廠的放流水的 BOD 與 SS 卻一直偏高，因而請你協助該廠改善其廢水處理廠，㈠你該如何執行你的工作？（或是你的具體步驟為何？）㈡你需要何種分析設備或數據？請條列說明。（20 分）

解答：

(一) 1. 先測SVI，了解污泥是否老化上浮，是否需要加速排泥？

2. 了解油脂瞬間進流量是否太大，是否需增設CPI除油系統。

(二) 1. 測SVI的污泥沉降椎形漏斗。

2. 測MLSS的濾紙，抽氣SS過濾設備及能達到103℃的SS烘乾烤箱。

3. $\because \text{SVI} = \dfrac{\text{30 分鐘污泥沉澱率（\%）} \times 10^4}{\text{MLSS（mg/L）}}$

正常SVI = 50～100

三、廢污水處理程序中，污泥處理的良窳往往影響到廢污水的整體處理成效，㈠污泥處理程序中，有那些因素會影響到廢污水的處理成效？為什麼？㈡這些因素若對廢污水的處理成效有負面的效應，則又該如何防止？（20 分）

解答：

(一) 1. 迴流量與排泥量的控制。

2. 迴流量不足時，污泥會流失，使MLSS太低。

(1) 迴流量太大，污泥太多，會造成生物池污泥太多。

(2) 排泥量不足，會造成污泥老化，排太多，又會造成污泥流失。

(二) 定期作SVI實驗，控制適當的迴流比，一般迴流比為20～30%。

四、一般廢棄物掩埋場（垃圾場）滲出水均極難處理，尤其是高掩埋齡的則更難處理，因而經常以混凝／膠凝／沉澱程序以輔生物處理程序之不足，請問(一)混凝／膠凝／沉澱程序是在生物處理程序之前或之後對整體處理效益較佳？為什麼？(二)若擬以化學氧化、混凝／膠凝／沉澱、逆滲透膜系統與生物處理系統等方式加以組合成處理程序，請問其流程安排為何？（請以流程圖表示之）為什麼？（30分）

解答：

(一) 混凝／膠凝／沉澱再生物處理之後，因為化學氧化就是要打破廢水中的苯環或雙鍵參鍵，使廢水水質易於生物處理，強調的是要低操作成本的生物處理程序分解掉大部分的污染物，殘留的再以高操作成本的化學混凝系統處理，使化學用藥量較少，污泥產量也比較少。

(二) 化學氧化→生物處理→混凝／膠凝／沉澱→逆滲透膜系統

參考文獻

1. 范純一：下水道工程，中國工程師手冊。
2. 楊萬發：廢水生物處理之原理講義。
3. 高肇藩：衛生工程（上）給水篇。
4. 李錦地：水污染防制規劃與策略，臺灣省水污染防制所。
5. 李公哲：水質工程學（譯），中國工程師學會出版。
6. 溫清光、王友增：廢水工程學（譯），大行出版社。
7. 歐陽嶠暉：下水道工程學，長松出版社。
8. 石濤：環境化學，鼎茂圖書出版有限公司。
9. 黃政賢：污水工程學精要，曉園出版社。
10. 徐清正、林榮廷、鄭仁川、陳維政：環境微生物學考試精要，文笙書局。
11. 環保署環訓所廢水處理專責人員訓練教材
12. 陳之貴：環工研究所、技師高考各科總整理，2007，文笙書局。
13. 大陸水工股份有限公司之規劃、設計、承建或操作維護實際案例。
14. 大展環境工程技師事務所之工程規劃設計實際案例。

附件　放流水標準

修正日期：民國108年04月29日

第1條　本標準依水污染防治法（以下簡稱本法）第七條第二項規定訂定之。

第2條　事業、污水下水道系統及建築物污水處理設施之放流水標準，其水質項目及限值之規定如下：

一、事業

（一）晶圓製造及半導體製造業適用附表一。

（二）光電材料及元件製造業適用附表二。

（三）石油化學業適用附表三。

（四）化工業適用附表四。

（五）金屬基本工業、金屬表面處理業、電鍍業和印刷電路板製造業適用附表五。

（六）發電廠適用附表六。

（七）海水淡化廠適用附表七。

（八）前七款以外之事業適用附表八。

二、污水下水道系統

（一）科學工業園區專用污水下水道系統適用附表九。

（二）石油化學專業區專用污水下水道系統適用附表十。

（三）其他工業區專用污水下水道系統適用附表十一。

（四）社區專用污水下水道系統適用附表十二。

（五）其他指定地區或場所專用污水下水道系統適用附表十三。

（六）公共污水下水道系統適用附表十四。

三、建築物污水處理設施適用附表十五。

事業、污水下水道系統排放廢（污）水於經直轄市、縣

（市）主管機關公告應特予保護農地水體之排放總量管制區（以下稱總量管制區）內之特定承受水體者，其銅、鋅、總鉻、鎳、鎘、六價鉻之限值適用附表十六。但總量管制區內之事業或污水下水道系統，未排放廢（污）水於總量管制區內特定承受水體者，不適用附表十六規定。特定業別、區域之事業、污水下水道系統及建築物污水處理設施，另定有排放標準者，或直轄市、縣（市）主管機關依據本法第七條第二項增訂或加嚴轄內之放流水標準者，依其規定。

第2-1條 工業區污水下水道系統，其石油化學業和化工業許可核准納管水量達許可核准排放水量百分之五十以上者，適用附表十之規定；其石油化學業和化工業許可核准納管水量未達許可核准排放水量百分之五十者，適用附表十一之規定。

海水淡化廠排放之廢（污）水適用之放流水標準依下列規定：

一、以海水為原水，排放滷水及過濾反洗廢水、薄膜清洗廢水或其他與海水淡化有關作業廢水混合排放者，適用附表七。

二、產生之廢（污）水採海洋放流管線排放於海洋者，適用海洋放流管線放流水標準。

第3條 事業及其所屬公會或環境保護相關團體得隨時提出具體科學性數據、資料，供檢討修正之參考。第4條本標準所定之化學需氧量限值，係以重鉻酸鉀氧化方式檢測之；真色色度，係以真色色度法檢測之。第5條本標準用詞，定義如下：

一、總毒性有機物：指1, 2-二氯苯、1, 3-二氯苯、1, 4-二氯苯、1, 2, 4-三氯苯、甲苯、乙苯、三氯甲烷、1, 2-二氯乙烷、二氯甲烷、1, 1, 1-三氯乙烷、1, 1, 2-三氯乙烷、二氯溴甲烷、四氯乙烯、三氯乙烯、1, 1-二氯乙烯、2-氯酚、2, 4-二氯酚、4-硝基酚、五氯酚、2-硝基酚、酚、2,

4, 6-三氯酚、鄰苯二甲酸乙己酯、鄰苯二甲酸二丁酯、鄰苯二甲酸丁苯酯、1, 2-二苯基聯胺、異佛爾酮、四氯化碳及，計三十種化合物之濃度總和。

二、石油化學業高含氮製程：指下列含氮製程，且作業廢水水量達放流口許可核准之排放水量百分之四十以上者：

（一）三氟化氮與電子級液氨製造程序。

（二）甲基丙烯酸酯類（MMA）化學製造程序。

（三）丙烯製造程序。

（四）丙烯一丁二烯共聚合物（AB）化學製造程序。

（五）丙烯一丁二烯一苯乙烯共聚合物（ABS）化學製造程序。

（六）丙烯一苯乙烯共聚合物（AS）化學製造程序。

（七）己內醯胺製造程序。

（八）硫酸銨化學製造程序。

（九）聚醯胺塑膠（尼龍）製造程序。

三、化工業高含氮製程：指下列含氮製程，且作業廢水水量達放流口許可核准之排放水量百分之四十以上之化工業者：

（一）氨化學製造程序。

（二）氮肥製造程序。

（三）銨肥化學製造程序。

（四）磷酸銨鹽肥料製造程序。

（五）含氮複肥製造程序。

（六）三氟化氮製造程序。

（七）硫酸銨化學製造程序。

（八）乙二胺四醋酸鹽（EDTA）化學製造程序。

（九）其他銨鹽製造程序。

（十）丙烯製造程序。

（十一）尿素化學製造程序。
（十二）苯胺製造程序。
（十三）己內醯胺製造程序。
（十四）乙醇胺化學製造程序。
（十五）酸胺化學製造程序。
（十六）其他合成胺及合物製造程序。
（十七）甲基丙烯酸酯類（MMA）化學製造程序。
（十八）氨基甲酸酯製造程序。
（十九）尿素甲醛樹脂製造程序。
（二十）三聚氰胺樹脂製造程序。
（二十一）聚丙烯纖維製造程序。
（二十二）聚醯胺塑膠（尼龍）製造程序。
（二十三）丙烯一丁二烯共聚合物（AB）化學製造程序。
（二十四）丙烯一丁二烯一苯乙烯共聚合物（ABS）化學製造程序。
（二十五）丙烯一苯乙烯共聚合物（AS）化學製造程序。
（二十六）染料製造程序（偶氮染料）。
（二十七）煉焦相關程序，含焦碳製造之副產品程序、焦碳製造之蜂巢程序、流體焦碳製造程序、石油焦煉製程序等。

四、戴奧辛：指以檢測2, 3, 7, 8-四氯戴奧辛（2, 3, 7, 8-Tetrachlorinated dibenzo-p-dioxin, 2, 3, 7, 8-TeCDD），2, 3, 7, 8-四氯喃（2, 3, 7, 8-Tetrachlorinateddibenzofuran, 2, 3, 7, 8-TeCDF）及2, 3, 7, 8-氯化之五氯（Penta-），六氯（Hexa-），七氯（Hepta-）與八氯（Octa-）戴奧辛及喃等共十七項化合物所得濃度，乘以國際毒性當量因子（International Toxicity Equivalency Factor, I-TEF）之總和計算之，以總毒性當量（Toxicity Equivalency Quantity of 2, 3, 7, 8-tetrachlorinated dibenzo-p-dioxin, TEQ）表示。

五、總有機磷劑：指達馬松、美文松、滅賜松、普伏松、亞素靈、福瑞松、大滅松、托福松、大利松、大福松、二硫松、甲基巴拉松、亞特松、撲滅松、馬拉松、陶斯松、芬殺松、巴拉松、甲基溴磷松、賽達松、乙基溴磷松、滅大松、普硫松、愛殺松、三落松、加芬松、一品松、裕必松、谷速松計二十九種化合物之濃度總和。

六、總氨基甲酸鹽：指滅必蝨、加保扶、納乃得、安丹、丁基滅必蝨、歐殺滅、得滅克、加保利、滅賜克計九種化合物之濃度總和。

七、除草劑：指丁基拉草、巴拉刈、二、四－地、拉草、全滅草、嘉磷塞、二刈計七種化合物之濃度總和。

八、七日平均值：指間隔每四至八小時採樣一次，每日共四個水樣，混合成一個水樣檢測分析，連續七日測值之算術平均。

第6條　本標準各項目限值，除氫離子濃度指數為一範圍外，均為最大限值，其單位如下：

一、氫離子濃度指數：無單位。

二、真色色度：無單位。

三、大腸桿菌群：每一百毫升水樣在濾膜上所產生之菌落數（CFU/100mL）。

四、戴奧辛：皮克－國際－總毒性當量／公升（pgI-TEQ/L）。

五、其餘各項目：毫克／公升。

第7條　本標準各項目限值，除水溫及氫離子濃度指數外，事業或污水下水道系統自水體取水作為冷卻或循環用途之未接觸冷卻水，如排放於原取水區位之地面水體，不適用本標準。

第8條　事業、污水下水道系統及建築物污水處理設施，同時依本標準適用範圍，有二種以上不同業別或同一業別有不同製程，其廢水混合處理及排放者，應符合各該業別之放流水標準。相同之管制項目有不同管制限值者，應符合較嚴之限值標準。各業別中之一種業別廢水水量達總廢水量百分之七十五以上，並裝設有獨立專用累計型水量計測設施者，得向主管機關申請對共同管制項目以該業別放流水標準管制。前項廢水量所佔比例，以申請日前半年之紀錄計算之。

第9條　本標準除另定施行日期者外，自發布日施行。

附表九　科學工業園區專用污水下水道系統放流水水質項目及限值

<table>
<tr><th>適用範圍</th><th colspan="3">項目</th><th>限值</th><th>備註</th></tr>
<tr><td rowspan="12">共同適用</td><td rowspan="3">水溫</td><td colspan="2" rowspan="2">排放於非海洋之地面水體者</td><td>攝氏三十八度以下（適用於五月至九月）</td><td></td></tr>
<tr><td>攝氏三十五度以下（適用於十月至翌年四月）</td><td></td></tr>
<tr><td colspan="2">直接排放於海洋者</td><td>放流口水溫不得超過攝氏四十二度，且距排放口五百公尺處之表面水溫差不得超過攝氏四度</td><td></td></tr>
<tr><td colspan="3">氫離子濃度指數</td><td>六．○－九．○</td><td rowspan="3"></td></tr>
<tr><td colspan="3">氟鹽</td><td>一五</td></tr>
<tr><td colspan="3">硝酸鹽氮</td><td>五○</td></tr>
<tr><td rowspan="3">氨氮</td><td colspan="2">排放於自來水水質水量保護區內者</td><td>一○</td><td></td></tr>
<tr><td rowspan="2">排放於自來水水質水量保護區外者</td><td>中華民國一百零一年十月十二日前完成建造、建造中或已完成工程招標者</td><td>三○</td><td></td></tr>
<tr><td>中華民國一百零一年十月十二日前尚未完成工程招標者</td><td>二○</td><td></td></tr>
<tr><td>正磷酸鹽（以三價磷酸根計算）</td><td colspan="2">排放於自來水水質水量保護區內者</td><td>四．○</td><td></td></tr>
<tr><td colspan="3">酚類</td><td>一．○</td><td></td></tr>
<tr><td colspan="3">陰離子界面活性劑</td><td>一○</td><td></td></tr>
</table>

適用範圍	項目		限值	備註
	氰化物		一・〇	
	油脂（正己烷抽出物）		一〇	
	溶解性鐵		一〇	
	溶解性錳		一〇	
	鎘	中華民國一百零六年十二月二十五日前完成建造、建造中或已完成工程招標者	〇・〇三	
		中華民國一百零六年十二月二十五日前完成建造、建造中或已完成工程招標者	〇・〇二	自中華民國一百十年一月一日施行。
		中華民國一百零六年十二月二十五日前尚未完成工程招標者	〇・〇二	
	鉛	中華民國一百零六年十二月二十五日前完成建造、建造中或已完成工程招標者	一・〇	
		中華民國一百零六年十二月二十五日前完成建造、建造中或已完成工程招標者	〇・五	自中華民國一百十年一月一日施行。
		中華民國一百零六年十二月二十五日前尚未完成工程招標者	〇・五	
	總鉻	中華民國一百零六年十二月二十五日前完成建造、建造中或已完成工程招標者	二・〇	

適用範圍	項目		限值	備註
		中華民國一百零六年十二月二十五日前完成建造、建造中或已完成工程招標者	一・五	自中華民國一百十年一月一日施行。
		中華民國一百零六年十二月二十五日前尚未完成工程招標者	一・五	
	六價鉻	中華民國一百零六年十二月二十五日前完成建造、建造中或已完成工程招標者	○・五	
		中華民國一百零六年十二月二十五日前完成建造、建造中或已完成工程招標者	○・三五	自中華民國一百十年一月一日施行。
		中華民國一百零六年十二月二十五日前尚未完成工程招標者	○・三五	
	銅	中華民國一百零六年十二月二十五日前完成建造、建造中或已完成工程招標者	三・0	
		中華民國一百零六年十二月二十五日前完成建造、建造中或已完成工程招標者	一・五	自中華民國一百十年一月一日施行。
		中華民國一百零六年十二月二十五日前尚未完成工程招標者	一・五	

適用範圍	項目		限值	備註
	鋅	中華民國一百零六年十二月二十五日前完成建造、建造中或已完成工程招標者	五・〇	
		中華民國一百零六年十二月二十五日前完成建造、建造中或已完成工程招標者	三・五	自中華民國一百十年一月一日施行。
		中華民國一百零六年十二月二十五日前尚未完成工程招標者	三・五	
	鎳	中華民國一百零六年十二月二十五日前完成建造、建造中或已完成工程招標者	一・〇	
		中華民國一百零六年十二月二十五日前完成建造、建造中或已完成工程招標者	〇・七	自中華民國一百十年一月一日施行。
		中華民國一百零六年十二月二十五日前尚未完成工程招標者	〇・七	
	硒	中華民國一百零六年十二月二十五日前完成建造、建造中或已完成工程招標者	〇・五	
		中華民國一百零六年十二月二十五日前完成建造、建造中或已完成工程招標者	〇・三五	自中華民國一百十年一月一日施行。
		中華民國一百零六年十二月二十五日前尚未完成工程招標者	〇・三五	

適用範圍	項目		限值	備註
	砷	中華民國一百零六年十二月二十五日前完成建造、建造中或已完成工程招標者	〇・五	
		中華民國一百零六年十二月二十五日前完成建造、建造中或已完成工程招標者	〇・三五	
		中華民國一百零六年十二月二十五日前尚未完成工程招標者	〇・三五	自中華民國一百十年一月一日施行。
	錫	中華民國一百零六年十二月二十五日前完成建造、建造中或已完成工程招標者	二・〇	自中華民國一百十年一月一日施行。
		中華民國一百零六年十二月二十五日前尚未完成工程招標者	一・〇	
	甲基汞		〇・〇〇〇〇〇〇二	
	總汞		〇・〇〇五	
	銀		〇・五	
	硼	排放於自來水水質水量保護區內者	一・〇	
		排放於自來水水質水量保護區外者	五・〇	
	硫化物		一・〇	
	真色色度	中華民國一百零六年十二月二十五日前完成建造、建造中或已完成工程招標者	五五〇	
			四〇〇	自中華民國一百十年一月一日施行。

適用範圍	項目		限值		備註
		中華民國一百零六年十二月二十五日前尚未完成工程招標者	三〇〇		
	自由有效餘氯	中華民國一百零六年十二月二十五日前完成建造、建造中或已完成工程招標者	二・〇		自中華民國一百十年一月一日施行。
		中華民國一百零六年十二月二十五日前尚未完成工程招標者	二・〇		
	銦		〇・一		
	鎵		〇・一		
	鉬		〇・六		
	總毒性有機物		一・三七		
	N-甲基吡咯烷酮		一・〇		自中華民國一百十年一月一日施行。
	2-甲氧基-1-丙醇		〇・一		
	二甲基乙醯胺		〇・一		
	鈷		一・〇		
	銻		一・〇		
	N-甲基甲醯胺		一・〇		
	二乙二醇二甲醚		一・〇		
中華民國九十八年七月三十一日前完成建造、建造中或已完成工程招標，且許可核准排放水量未達每日一〇、〇〇〇立方公尺者	生化需氧量		最大值	三〇	
			七日平均值	二五	
	化學需氧量		最大值	一〇〇	
			七日平均值	八〇	
	懸浮固體		最大值	三〇	
			七日平均值	二五	

適用範圍	項目	限值		備註
中華民國九十八年七月三十一日前尚未完成工程招標者；及九十八年七月三十一日前完成建造、建造中或已完成工程招標，且許可核准排放水量為每日一〇、〇〇〇立方公尺以上者	生化需氧量	最大值	二五	
		七日平均值	二〇	
	化學需氧量	最大值	八〇	
		七日平均值	六五	
	懸浮固體	最大值	二五	
		七日平均值	二〇	

附表十　石油化學專業區專用污水下水道系統放流水水質項目及限值

適用範圍	項目		限值	備註
共同適用	水溫	排放於非海洋之地面水體者	攝氏三十八度以下（適用於五月至九月）	
			攝氏三十五度以下（適用於十月至翌年四月）	
		直接排放於海洋者	放流口水溫不得超過攝氏四十二度，且距排放口五百公尺處之表面水溫差不得超過攝氏四度	
	氫離子濃度指數		六・〇—九・〇	
	硝酸鹽氮		五〇	
	氨氮	中華民國一百年十二月一日前完成建造、建造中或已完成工程招標者	六〇	
		中華民國一百年十二月一日前尚未完成工程招標者	二〇	
	酚類		一・〇	
	陰離子界面活性劑		一〇	
	氰化物		一・〇	
	油脂（正己烷抽出物）		一〇	
	溶解性鐵		一〇	
	溶解性錳		一〇	
	鎘	中華民國一百零六年十二月二十五日前完成建造、建造中或已完成工程招標者	〇・〇三	
		中華民國一百零六年十二月二十五日前完成建造、建造中或已完成工程招標者	〇・〇二	自中華民國一百十年一月一日施行。
		中華民國一百零六年十二月二十五日前尚未完成工程招標者	〇・〇二	

適用範圍	項目		限值	備註
	鉛	中華民國一百零六年十二月二十五日前完成建造、建造中或已完成工程招標者	一・〇	
		中華民國一百零六年十二月二十五日前完成建造、建造中或已完成工程招標者	〇・五	自中華民國一百十年一月一日施行。
		中華民國一百零六年十二月二十五日前尚未完成工程招標者	〇・五	
	總鉻	中華民國一百零六年十二月二十五日前完成建造、建造中或已完成工程招標者	二・〇	
		中華民國一百零六年十二月二十五日前完成建造、建造中或已完成工程招標者	一・五	自中華民國一百十年一月一日施行。
		中華民國一百零六年十二月二十五日前尚未完成工程招標者	一・五	
	六價鉻	中華民國一百零六年十二月二十五日前完成建造、建造中或已完成工程招標者	〇・五	
		中華民國一百零六年十二月二十五日前完成建造、建造中或已完成工程招標者	〇・三五	自中華民國一百十年一月一日施行。
		中華民國一百零六年十二月二十五日前尚未完成工程招標者	〇・三五	

適用範圍	項目		限值	備註
	銅	中華民國一百零六年十二月二十五日前完成建造、建造中或已完成工程招標者	三・〇	
		中華民國一百零六年十二月二十五日前完成建造、建造中或已完成工程招標者	一・五	自中華民國一百十年一月一日施行。
		中華民國一百零六年十二月二十五日前尚未完成工程招標者	一・五	
	鋅	中華民國一百零六年十二月二十五日前完成建造、建造中或已完成工程招標者	五・〇	
		中華民國一百零六年十二月二十五日前完成建造、建造中或已完成工程招標者	三・五	自中華民國一百十年一月一日施行。
		中華民國一百零六年十二月二十五日前尚未完成工程招標者	三・五	
	鎳	中華民國一百零六年十二月二十五日前完成建造、建造中或已完成工程招標者	一・〇	
		中華民國一百零六年十二月二十五日前完成建造、建造中或已完成工程招標者	〇・七	自中華民國一百十年一月一日施行。
		中華民國一百零六年十二月二十五日前尚未完成工程招標者	〇・七	

適用範圍	項目		限值	備註
	硒	中華民國一百零六年十二月二十五日前完成建造、建造中或已完成工程招標者	〇・五	
		中華民國一百零六年十二月二十五日前完成建造、建造中或已完成工程招標者	〇・三五	自中華民國一百十年一月一日施行。
		中華民國一百零六年十二月二十五日前尚未完成工程招標者	〇・三五	
	砷	中華民國一百零六年十二月二十五日前完成建造、建造中或已完成工程招標者	〇・五	
		中華民國一百零六年十二月二十五日前完成建造、建造中或已完成工程招標者	〇・三五	自中華民國一百十年一月一日施行。
		中華民國一百零六年十二月二十五日前尚未完成工程招標者	〇・三五	
	錫	中華民國一百零六年十二月二十五日前完成建造、建造中或已完成工程招標者	二・〇	自中華民國一百十年一月一日施行。
		中華民國一百零六年十二月二十五日前尚未完成工程招標者	一・〇	
	甲基汞		〇・〇〇〇〇〇〇〇二	
	總汞		〇・〇〇五	
	銀		〇・五	
	硼	排放於自來水水質水量保護區內者	一・〇	

適用範圍	項目		限值	備註
		排放於自來水水質水量保護區外者	五・〇	
	鉬	中華民國一百零六年十二月二十五日前完成建造、建造中或已完成工程招標者	〇・六	自中華民國一百十年一月一日施行。
		中華民國一百零六年十二月二十五日前尚未完成工程招標者	〇・六	
	硫化物		一・〇	
	真色色度	中華民國一百零六年十二月二十五日前完成建造、建造中或已完成工程招標者	五五〇	
			四〇〇	自中華民國一百十年一月一日施行。
		中華民國一百零六年十二月二十五日前尚未完成工程招標者	三〇〇	
	自由有效餘氯	中華民國一百零六年十二月二十五日前完成建造、建造中或已完成工程招標者	二・〇	自中華民國一百十年一月一日施行。
		中華民國一百零六年十二月二十五日前尚未完成工程招標者	二・〇	
	苯		〇・〇五	
	乙苯		〇・四	
	二氯甲烷		〇・二	
	三氯甲烷		〇・六	
	1,2-二氯乙烷		〇・一〇	
	氯乙烯		〇・一〇	
	鄰苯二甲酸二甲酯（DMP）		〇・二	
	鄰苯二甲酸二乙酯（DEP）		〇・四	
	鄰苯二甲酸二丁酯（DBP）		〇・四	

適用範圍	項目	限值		備註
	鄰苯二甲酸丁基苯甲酯（BBP）	○·四		
	鄰苯二甲酸二辛酯（DNOP）	○·六		
	鄰苯二甲酸二（2-乙基己基）酯（DEHP）	○·二		
	硝基苯	○·四		自中華民國一百十年一月一日施行。
	三氯乙烯	○·三		
	丙烯腈	○·二		
	1,3-丁二烯	○·一		
	生化需氧量	最大值	三○	
		七日平均值	二五	
中華民國九十八年七月三十一日前完成建造、建造中或已完成工程招標，且許可核准排放水量未達每日一○、○○○立方公尺者	化學需氧量	最大值	一○○	
		七日平均值	八○	
	懸浮固體	最大值	三○	
		七日平均值	二五	
中華民國九十八年七月三十一日前尚未完成工程招標者；及九十八年七月三十一日前完成建造、建造中或已完成工程招標，且許可核准排放水量為每日一○、○○○立方公尺以上者	化學需氧量	最大值	九○	
		七日平均值	七○	
	懸浮固體	最大值	二五	
		七日平均值	二○	

附表十一　其他工業區專用污水下水道系統放流水水質項目及限值

適用範圍	項目			限值	備註
共同適用	水溫	排放於非海洋之地面水體者		攝氏三十八度以下（適用於五月至九月）	
				攝氏三十五度以下（適用於十月至翌年四月）	
		直接排放於海洋者		放流口水溫不得超過攝氏四十二度，且距排放口五百公尺處之表面水溫差不得超過攝氏四度	
	氫離子濃度指數			六・〇—九・〇	
	氟鹽			一五	
	硝酸鹽氮			五〇	
	氨氮	排放於自來水水質水量保護區內者		一〇	
		排放於自來水水質水量保護區外者	中華民國一百零六年十二月二十五日前完成建造、建造中或已完成工程招標者	一〇〇	自中華民國一百十年一月一日施行。
				七五	自中華民國一百十三年一月一日施行。
				三〇	自中華民國一百十六年一月一日施行。
			中華民國一百零六年十二月二十五日前尚未完成工程招標者	二〇	

適用範圍	項目		限值	備註
	正磷酸鹽（以三價磷酸根計算）	排放於自來水水質水量保護區內者	四．〇	
	酚類		一．〇	
	陰離子介面活性劑		一〇	
	氰化物		一．〇	
	油脂（正己烷抽出物）		一〇	
	溶解性鐵		一〇	
	溶解性錳		一〇	
	鎘	中華民國一百零六年十二月二十五日前完成建造、建造中或已完成工程招標者	〇．〇三	
		中華民國一百零六年十二月二十五日前完成建造、建造中或已完成工程招標者	〇．〇二	自中華民國一百十年一月一日施行。
		中華民國一百零六年十二月二十五日前尚未完成工程招標者	〇．〇二	
	鉛	中華民國一百零六年十二月二十五日前完成建造、建造中或已完成工程招標者	一．〇	
		中華民國一百零六年十二月二十五日前完成建造、建造中或已完成工程招標者	〇．五	自中華民國一百十年一月一日施行。
		中華民國一百零六年十二月二十五日前尚未完成工程招標者	〇．五	

適用範圍	項目		限值	備註
	總鉻	中華民國一百零六年十二月二十五日前完成建造、建造中或已完成工程招標者	二・〇	
		中華民國一百零六年十二月二十五日前完成建造、建造中或已完成工程招標者	一・五	自中華民國一百十年一月一日施行。
		中華民國一百零六年十二月二十五日前尚未完成工程招標者	一・五	
	六價鉻	中華民國一百零六年十二月二十五日前完成建造、建造中或已完成工程招標者	〇・五	
		中華民國一百零六年十二月二十五日前完成建造、建造中或已完成工程招標者	〇・三五	自中華民國一百十年一月一日施行。
		中華民國一百零六年十二月二十五日前尚未完成工程招標者	〇・三五	
	銅	中華民國一百零六年十二月二十五日前完成建造、建造中或已完成工程招標者	三・〇	
		中華民國一百零六年十二月二十五日前完成建造、建造中或已完成工程招標者	一・五	自中華民國一百十年一月一日施行。
		中華民國一百零六年十二月二十五日前尚未完成工程招標者	一・五	

適用範圍	項目		限值	備註
	鋅	中華民國一百零六年十二月二十五日前完成建造、建造中或已完成工程招標者	五・〇	
		中華民國一百零六年十二月二十五日前完成建造、建造中或已完成工程招標者	三・五	自中華民國一百十年一月一日施行。
		中華民國一百零六年十二月二十五日前尚未完成工程招標者	三・五	
	鎳	中華民國一百零六年十二月二十五日前完成建造、建造中或已完成工程招標者	一・〇	
		中華民國一百零六年十二月二十五日前完成建造、建造中或已完成工程招標者	〇・七	自中華民國一百十年一月一日施行。
		中華民國一百零六年十二月二十五日前尚未完成工程招標者	〇・七	
	硒	中華民國一百零六年十二月二十五日前完成建造、建造中或已完成工程招標者	〇・五	
		中華民國一百零六年十二月二十五日前完成建造、建造中或已完成工程招標者	〇・三五	自中華民國一百十年一月一日施行。
		中華民國一百零六年十二月二十五日前尚未完成工程招標者	〇・三五	

適用範圍	項目		限值	備註
	砷	中華民國一百零六年十二月二十五日前完成建造、建造中或已完成工程招標者	○．五	
		中華民國一百零六年十二月二十五日前完成建造、建造中或已完成工程招標者	○．三五	自中華民國一百十年一月一日施行。
		中華民國一百零六年十二月二十五日前尚未完成工程招標者	○．三五	
	錫	中華民國一百零六年十二月二十五日前完成建造、建造中或已完成工程招標者	二．○	自中華民國一百十年一月一日施行。
		中華民國一百零六年十二月二十五日前尚未完成工程招標者	一．○	
	甲基汞		○．○○○○○○二	
	總汞		○．○○五	
	銀		○．五	
	硼	排放於自來水水質水量保護區內者	一．○	
		排放於自來水水質水量保護區外者	五．○	
	硫化物		一．○	
	甲醛		三．○	
	多氯聯苯		○．○○○○五	
	總有機磷劑		○．五	
	總氨基甲酸鹽		○．五	
	除草劑		一．○	

適用範圍	項目		限值	備註
	安殺番		○・○三	
	安特靈		○・○○○二	
	靈丹		○・○○四	
	飛佈達及其衍生物		○・○○一	
	滴滴涕及其衍生物		○・○○一	
	阿特靈、地特靈		○・○○三	
	五氯酚及其鹽類		○・○○五	
	毒殺芬		○・○○五	
	五氯硝苯		○・○○○○五	
	福爾培		○・○○○二五	
	四氯丹		○・○○○二五	
	蓋普丹		○・○○○二五	
	真色色度	中華民國一百零六年十二月二十五日前完成建造、建造中或已完成工程招標者	五五○	
			四○○	自中華民國一百十年一月一日施行。
		中華民國一百零六年十二月二十五日前尚未完成工程招標者	三○○	
	自由有效餘氯	中華民國一百零六年十二月二十五日前完成建造、建造中或已完成工程招標者	二・○	自中華民國一百十年一月一日施行。
		中華民國一百零六年十二月二十五日前尚未完成工程招標者	二・○	
	銦		○・一	
	鎵		○・一	

適用範圍	項目	限值		備註
	鉬	○・六		
中華民國九十八年七月三十一日前完成建造、建造中或已完成工程招標，且許可核准排放水量未達每日一○、○○○立方公尺者	生化需氧量	最大值	三○	
		七日平均值	二五	
	化學需氧量	最大值	一○○	
		七日平均值	八○	
	懸浮固體	最大值	三○	
		七日平均值	二五	
中華民國九十八年七月三十一日前尚未完成工程招標者；及九十八年七月三十一日前完成建造、建造中或已完成工程招標，且許可核准排放水量為每日一○、○○○立方公尺以上者	生化需氧量	最大值	二五	
		七日平均值	二○	
	化學需氧量	最大值	八○	
		七日平均值	六五	
	懸浮固體	最大值	二五	
		七日平均值	二○	

附表十二　社區專用污水下水道系統放流水水質項目及限值

適用範圍	項目		限值	備註
共同適用	水溫	排放於非海洋之地面水體者	攝氏三十八度以下（適用於五月至九月）	
			攝氏三十五度以下（適用於十月至翌年四月）	
		直接排放於海洋者	放流口水溫不得超過攝氏四十二度，且距排放口五百公尺處之表面水溫差不得超過攝氏四度	
	氫離子濃度指數		六・〇—九・〇	
	硝酸鹽氮		五〇	
	氨氮	排放於自來水水質水量保護區內者	一〇	
	正磷酸鹽（以三價磷酸根計算）	排放於自來水水質水量保護區內者	四・〇	
	陰離子界面活性劑		一〇	
	油脂（正己烷抽出物）		一〇	
	溶解性鐵		一〇	
	溶解性錳		一〇	
	鎘		〇・〇三	
	鉛		一・〇	
	總鉻		二・〇	
	六價鉻		〇・五	
	甲基汞		〇・〇〇〇〇〇〇二	
	總汞		〇・〇〇五	
	銅		三・〇	
	鋅		五・〇	
	銀		〇・五	
	鎳		一・〇	

適用範圍	項目		限值	備註
	硒		○．五	
	砷		○．五	
	硼	排放於自來水水質水量保護區內者	一．○	
		排放於自來水水質水量保護區外者	五．○	
流量大於二五○立方公尺／日	生化需氧量		三○	
	化學需氧量		一○○	
	懸浮固體		三○	
	大腸桿菌群		二○○、○○○	
流量二五○立方公尺／日以下	生化需氧量		五○	
	化學需氧量		一五○	
	懸浮固體		五○	
	大腸桿菌群		三○○、○○○	

附表十三　其他指定地區或場所專用污水下水道系統放流水水質項目及限值

項目		限值	備註
水溫	排放於非海洋之地面水體者	攝氏三十八度以下（適用於五月至九月）	
		攝氏三十五度以下（適用於十月至翌年四月）	
	直接排放於海洋者	放流口水溫不得超過攝氏四十二度，且距排放口五百公尺處之表面水溫差不得超過攝氏四度	
氫離子濃度指數		六．○—九．○	
氟鹽		一五	
硝酸鹽氮		五○	
氨氮	排放於自來水水質水量保護區內者	一○	
正磷酸鹽（以三價磷酸根計算）	排放於自來水水質水量保護區內者	四．○	
酚類		一．○	
陰離子界面活性劑		一○	
氰化物		一．○	
油脂（正己烷抽出物）		一○	
溶解性鐵		一○	
溶解性錳		一○	
鎘		○．○三	
鉛		一．○	
總鉻		二．○	
六價鉻		○．五	
銅		三．○	
鋅		五．○	
鎳		一．○	
硒		○．五	
砷		○．五	

項目		限值	備註
甲基汞		〇・〇〇〇〇〇〇二	
總汞		〇・〇〇五	
銀		〇・五	
硼	排放於自來水水質水量保護區內者	一・〇	
	排放於自來水水質水量保護區外者	五・〇	
硫化物		一・〇	
甲醛		三・〇	
多氯聯苯		〇・〇〇〇〇五	
總有機磷劑		〇・五	
總氨基甲酸鹽		〇・五	
除草劑		一・〇	
安殺番		〇・〇三	
安特靈		〇・〇〇〇二	
靈丹		〇・〇〇四	
飛佈達及其衍生物		〇・〇〇一	
滴滴涕及其衍生物		〇・〇〇一	
阿特靈、地特靈		〇・〇〇三	
五氯酚及其鹽類		〇・〇〇五	
毒殺芬		〇・〇〇五	
五氯硝苯		〇・〇〇〇〇五	
福爾培		〇・〇〇〇二五	
四氯丹		〇・〇〇〇二五	
蓋普丹		〇・〇〇〇二五	
生化需氧量		三〇	
化學需氧量		一〇〇	
懸浮固體		三〇	

附表十四　公共污水下水道系統放流水水質項目及限值

<table>
<tr><th>適用範圍</th><th colspan="3">項目</th><th>限值</th><th>備註</th></tr>
<tr><td rowspan="10">共同適用</td><td rowspan="3">水溫</td><td colspan="2" rowspan="2">排放於非海洋之地面水體者</td><td>攝氏三十八度以下（適用於五月至九月）</td><td></td></tr>
<tr><td>攝氏三十五度以下（適用於十月至翌年四月）</td><td></td></tr>
<tr><td colspan="2">直接排放於海洋者</td><td>放流口水溫不得超過攝氏四十二度，且距排放口五百公尺處之表面水溫差不得超過攝氏四度</td><td></td></tr>
<tr><td colspan="3">氫離子濃度指數</td><td>六・〇—九・〇</td><td></td></tr>
<tr><td colspan="3">硝酸鹽氮</td><td>五〇</td><td>不適用有總氮管制者。</td></tr>
<tr><td>正磷酸鹽（以三價磷酸根計算）</td><td colspan="2">排放於自來水水質水量保護區內者</td><td>四・〇</td><td>不適用有總磷管制者。</td></tr>
<tr><td>總磷</td><td>排放於自來水水質水量保護區內者</td><td>中華民國九十年十一月二十三日前尚未完成工程招標者</td><td>二・〇</td><td></td></tr>
<tr><td colspan="3">陰離子界面活性劑</td><td>一〇</td><td></td></tr>
<tr><td colspan="3">油脂（正己烷抽出物）</td><td>一〇</td><td></td></tr>
<tr><td rowspan="4">流量大於二五〇立方公尺／日</td><td colspan="3">生化需氧量</td><td>三〇</td><td></td></tr>
<tr><td colspan="3">化學需氧量</td><td>一〇〇</td><td></td></tr>
<tr><td colspan="3">懸浮固體</td><td>三〇</td><td></td></tr>
<tr><td colspan="3">大腸桿菌群</td><td>二〇〇、〇〇〇</td><td></td></tr>
</table>

<table>
<tr><th>適用範圍</th><th colspan="4">項目</th><th>限值</th><th>備註</th></tr>
<tr><td rowspan="8"></td><td rowspan="8">氨氮</td><td colspan="3" rowspan="2">排放於自來水水質水量保護區內者六自中華民國一百十三年一月一日施行。</td><td>一〇</td><td></td></tr>
<tr><td></td><td></td></tr>
<tr><td rowspan="6">排放於自來水水質水量保護區外者</td><td rowspan="3">許可核准收受處理事業廢水、截流水或水肥之設計最大量達總廢（污）水最大量百分之二十以上者</td><td rowspan="2">中華民國一百零六年十二月二十五日前完成建造、建造中或已完成工程招標者</td><td>七五</td><td>自中華民國一百十年一月一日施行。</td></tr>
<tr><td>三〇</td><td>自中華民國一百十三年一月一日施行。</td></tr>
<tr><td>中華民國一百零六年十二月二十五日前尚未完成工程招標者</td><td>二〇</td><td></td></tr>
<tr><td rowspan="3">許可核准收受處理事業廢水、截流水或水肥之設計最大量未達總廢（污）水最大量百分之二十者；或未收受處理事業廢水、截流水或水肥者</td><td>中華民國一百零六年十二月二十五日前完成建造、建造中或已完成工程招標者</td><td>一〇</td><td>自中華民國一百十年一月一日施行。</td></tr>
<tr><td rowspan="2">中華民國一百零六年十二月二十五日前尚未完成工程招標者</td><td>一〇</td><td></td></tr>
<tr><td>六</td><td>自中華民國一百十三年一月一日施行。</td></tr>
</table>

<table>
<tr><th>適用範圍</th><th colspan="4">項目</th><th>限值</th><th>備註</th></tr>
<tr><td rowspan="4"></td><td rowspan="4">總氮</td><td>排放於自來水水質水量保護區內者</td><td colspan="2">中華民國九十年十一月二十三日前尚未完成工程招標者</td><td>一五</td><td></td></tr>
<tr><td rowspan="3">排放於自來水水質水量保護區外者</td><td rowspan="3">許可核准收受處理事業廢水、截流水或水肥之設計最大量未達總廢（污）水最大量百分之二十者；或未收受處理事業廢水、截流水或水肥者</td><td rowspan="2">中華民國一百零六年十二月二十五日前完成建造、建造中或已完成工程招標者</td><td>五十</td><td>自中華民國一百十年一月一日施行。</td></tr>
<tr><td>三五</td><td>自中華民國一百十三年一月一日施行。</td></tr>
<tr><td>中華民國一百零六年十二月二十五日前尚未完成工程招標者</td><td>二十</td><td></td></tr>
<tr><td rowspan="6">流量二五〇立方公尺／日以下</td><td colspan="4">生化需氧量</td><td>五〇</td><td></td></tr>
<tr><td colspan="4">化學需氧量</td><td>一五〇</td><td></td></tr>
<tr><td colspan="4">懸浮固體</td><td>五〇</td><td></td></tr>
<tr><td colspan="4">大腸桿菌群</td><td>三〇〇、〇〇〇</td><td></td></tr>
<tr><td>氨氮</td><td colspan="3">排放於自來水水質水量保護區內者</td><td>一〇</td><td></td></tr>
<tr><td>總氮</td><td>排放於自來水水質水量保護區內者</td><td colspan="2">中華民國九十年十一月二十三日前尚未完成工程招標者</td><td>一五</td><td></td></tr>
</table>

附表十五　建築物污水處理設施放流水水質項目及限值

適用範圍	項目		限值	備註
共同適用	水溫	排放於非海洋之地面水體者	攝氏三十八度以下（適用於五月至九月）	
			攝氏三十五度以下（適用於十月至翌年四月）	
		直接排放於海洋者	放流口水溫不得超過攝氏四十二度，且距排放口五百公尺處之表面水溫差不得超過攝氏四度	
	氫離子濃度指數		六・〇—九・〇	
	硝酸鹽氮		五〇	
	氨氮	排放於自來水水質水量保護區內者	一〇	
	正磷酸鹽（以三價磷酸根計算）	排放於自來水水質水量保護區內者	四・〇	
	陰離子界面活性劑		一〇	
	油脂（正己烷抽出物）		一〇	
	溶解性鐵		一〇	
	溶解性錳		一〇	
	鎘		〇・〇三	
	鉛		一・〇	
	總鉻		二・〇	
	六價鉻		〇・五	
	甲基汞		〇・〇〇〇〇〇〇二	
	總汞		〇・〇〇五	
	銅		三・〇	
	鋅		五・〇	
	銀		〇・五	
	鎳		一・〇	

<table>
<tr><th colspan="2">適用範圍</th><th colspan="2">項目</th><th>限值</th><th>備註</th></tr>
<tr><td colspan="2" rowspan="4"></td><td colspan="2">硒</td><td>〇・五</td><td></td></tr>
<tr><td colspan="2">砷</td><td>〇・五</td><td></td></tr>
<tr><td rowspan="2">硼</td><td>排放於自來水水質水量保護區內者</td><td>一・〇</td><td></td></tr>
<tr><td>排放於自來水水質水量保護區外者</td><td>五・〇</td><td></td></tr>
<tr><td rowspan="8">中華民國九十八年一月一日以後申請建造執照者</td><td rowspan="4">流量大於二五〇立方公尺／日</td><td colspan="2">生化需氧量</td><td>三〇</td><td></td></tr>
<tr><td colspan="2">化學需氧量</td><td>一〇〇</td><td></td></tr>
<tr><td colspan="2">懸浮固體</td><td>三〇</td><td></td></tr>
<tr><td colspan="2">大腸桿菌群</td><td>二〇〇、〇〇〇</td><td></td></tr>
<tr><td rowspan="4">流量介於二五〇立方公尺／日以下</td><td colspan="2">生化需氧量</td><td>五〇</td><td></td></tr>
<tr><td colspan="2">化學需氧量</td><td>一五〇</td><td></td></tr>
<tr><td colspan="2">懸浮固體</td><td>五〇</td><td></td></tr>
<tr><td colspan="2">大腸桿菌群</td><td>三〇〇、〇〇〇</td><td>不適用流量小於五十立方公尺／日者。</td></tr>
<tr><td rowspan="11">中華民國九十七年十二月三十一日以前申請建造執照者</td><td rowspan="4">流量大於二五〇立方公尺／日</td><td colspan="2">生化需氧量</td><td>三〇</td><td rowspan="11"></td></tr>
<tr><td colspan="2">化學需氧量</td><td>一〇〇</td></tr>
<tr><td colspan="2">懸浮固體</td><td>三〇</td></tr>
<tr><td colspan="2">大腸桿菌群</td><td>二〇〇、〇〇〇</td></tr>
<tr><td rowspan="4">流量介於五〇－二五〇立方公尺／日</td><td colspan="2">生化需氧量</td><td>五〇</td></tr>
<tr><td colspan="2">化學需氧量</td><td>一五〇</td></tr>
<tr><td colspan="2">懸浮固體</td><td>五〇</td></tr>
<tr><td colspan="2">大腸桿菌群</td><td>三〇〇、〇〇〇</td></tr>
<tr><td rowspan="3">流量小於五〇立方公尺／日</td><td colspan="2">生化需氧量</td><td>八〇</td></tr>
<tr><td colspan="2">化學需氧量</td><td>二五〇</td></tr>
<tr><td colspan="2">懸浮固體</td><td>八〇</td></tr>
</table>

附表十六

廢（污）水排入總量管制區級別	適用對象	項目	限值	備註
第一級：該區域內特定承受水體水質不符合灌溉用水水質標準	新設事業、工業區污水下水道系統：直轄市、縣（市）主管機關公告總量管制區前尚未完成工程招標者	鎘	<○・○○五	一、自直轄市、縣（市）主管機關公告應特予保護農地水體之排放總量管制區之日起施行。 二、本欄採實際可定量極限值訂定，以「<」符號呈現。
		總鉻	<○・○一	
		六價鉻	<○・○二	
		銅	<○・○一	
		鋅	<○・○一	
		鎳	<○・○二	
	既設事業：直轄市、縣（市）主管機關公告總量管制區前完成建造、建造中或已完成工程招標者	鎘	○・○一	自直轄市、縣（市）主管機關公告應特予保護農地水體之排放總量管制區後二年施行。
		總鉻	○・一	
		六價鉻	○・○五	
		銅	○・二	
		鋅	二・○	
		鎳	○・二	
	既設工業區污水下水道系統：直轄市、縣（市）主管機關公告總量管制區前完成建造、建造中或已完成工程招標者	鎘	○・○一五	自直轄市、縣（市）主管機關公告應特予保護農地水體之排放總量管制區後二年施行。
		總鉻	一・○	
		六價鉻	○・二五	
		銅	一・五	
		鋅	二・五	
		鎳	○・五	
第二級：該區域內特定承受水體水質符合灌溉用水水質標準	新設事業：直轄市、縣（市）主管機關公告總量管制區前尚未完成工程招標者	鎘	○・○一	自直轄市、縣（市）主管機關公告應特予保護農地水體之排放總量管制區之日起施行。
		總鉻	○・一	
		六價鉻	○・○五	
		銅	○・二	
		鋅	二・○	
		鎳	○・二	

廢（污）水排入總量管制區級別	適用對象	項目	限值	備註
	新設工業區污水下水道系統：直轄市、縣（市）主管機關公告總量管制區前尚未完成工程招標者	鎘	〇・〇一五	自直轄市、縣（市）主管機關公告應特予保護農地水體之排放總量管制區之日起施行。
		總鉻	一・〇	
		六價鉻	〇・二五	
		銅	一・五	
		鋅	二・五	
		鎳	〇・五	
	既設事業及工業區污水下水道系統：直轄市、縣（市）主管機關公告總量管制區前完成建造、建造中或已完成工程招標者	鎘	〇・〇一五	自直轄市、縣（市）主管機關公告應特予保護農地水體之排放總量管制區後二年施行。
		總鉻	一・〇	
		六價鉻	〇・二五	
		銅	一・五	
		鋅	二・五	
		鎳	〇・五	

國家圖書館出版品預行編目資料

污水與廢水工程：理論與設計實務／陳之貴著. -- 三版. -- 臺北市：五南圖書出版股份有限公司, 2021.08
面； 公分
ISBN 978-626-317-027-8（平裝）

1.汙水工程

445.48 110012398

5G29

污水與廢水工程——理論與設計實務
Wastewater Treatment Engineer Design

作　　者 — 陳之貴（255.9）
發 行 人 — 楊榮川
總 經 理 — 楊士清
總 編 輯 — 楊秀麗
副總編輯 — 王正華
責任編輯 — 金明芬、張維文
封面設計 — 簡愷立、姚孝慈
出 版 者 — 五南圖書出版股份有限公司
地　　址：106台北市大安區和平東路二段339號4樓
電　　話：(02)2705-5066　傳　　真：(02)2706-6100
網　　址：https://www.wunan.com.tw
電子郵件：wunan@wunan.com.tw
劃撥帳號：01068953
戶　　名：五南圖書出版股份有限公司
法律顧問　林勝安律師事務所　林勝安律師
出版日期　2013年9月初版一刷
　　　　　2017年9月二版一刷
　　　　　2021年8月三版一刷
定　　價　新臺幣420元